그대에게 전하는

꽃의 위로

그대에게 전하는

꽃의 위로

경상북도영양교육지원청

교육과학사

추천사

경상북도교육청 소속의 김현수 장학사님은 책을 쓰는 선생님으로 활약하고 있습니다. 우리 청에서는 '삶의 힘을 키우는 따뜻한 경북교육'을 위해 매년 책 쓰는 선생님을 지원하고 있습니다. 분명 책 쓰는 일은 한 송이의 꽃을 피우는 것과 같이 고단한 작업일 것입니다. 학생에 대한 애정과 연구의 열정으로 빚어낸 『그대를 전하는 꽃의 위로』는 행복한 삶을 꿈꾸는 우리 아이들은 물론 코로나 시기에 힘들어하는 모든 이들에게 따뜻한 위로가 될 것입니다.

– 경상북도교육청 권영근 국장

『그대에게 전하는 꽃의 위로』는 영양교육지원청의 지원과 지역 연구기관인 멸종위기종복원센터의 도움으로 이룬 결실입니다. 무엇보다 김현수 장학사님의 노력과 헌신이 있어 가능했습니다. 영양의 아름다운 꽃이 가득한 이 책은 '꽃 마음'을 알려주고 키워주는 대단히 의미 있는 교육 자료입니다. 우리 아이들이 다양한 풀꽃을 통해 생명체의 고귀함을 알고, 타인을 존중할 줄 아는 사람으로 성장하기를 진심으로 바랍니다.

– 경상북도영양교육지원청 이경 교육장

책장을 넘길 때마다 풍겨 나오는 풀꽃들의 향기가 세상에 더없는 감동과 황홀함을 갖게 합니다. 『그대에게 전하는 꽃의 위로』를 통해 스스로의 위안과 초록의 마음을 느끼게 해준 김현수 장학사님의 진심 어린 정성에 경의를 표하며, 이 아름다운 책을 추천합니다.

– 조지훈문학관 양희 관장

『그대에게 전하는 꽃의 위로』는 우리 주변에서 볼 수 있는 식물에 대해 아이들의 눈높이에 맞추어 쉽게 설명해주고 있습니다. 딱딱하고 어렵게만 느껴졌던 부분을 아이들이 꽃들의 이야기로 한 번 더 바라볼 수 있는 좋은 기회라 생각합니다. '자세히 보아야 예쁘다. 오래 보아야 사랑스럽다'라는 시처럼 꽃, 잎, 줄기를 관찰하고 꽃과 가까워지는 계기가 될 것입니다.

– 국립 생태원 멸종위기종복원센터 김남영 박사

이 책은 수많은 종류의 아름다운 풀꽃들을 세심하게 정리하였다. 특히 아이들이 읽기 쉽도록 다양한 사진을 수록하고, 쉽고 재미있는 문장으로 서술하고 있다. 천혜의 자연경관을 자랑하는 영양 지역의 꿈나무들에게 이 책은 마음의 소중한 정서를 심어주어 먼 훗날 사회생활을 할 때 큰 도움을 주리라 확신한다.

–《시와 돌의 정원》의 저자 정중수(안동대 정보통신학과 교수)

책을 수놓고 있는 풀꽃 사이사이로 영양의 일월산, 맹동산 자락을 오르내리고, 수하계곡 자락을 거닐고, 주실마을과 두들마을의 안길을 드나드는 글쓴이의 모습이 선하다. 작은 꽃들이기에 한껏 허리를 굽히고 고개를 숙여 찬찬히 마주했을 눈길이 그려진다. 꽃과 같이 더없이 소중한 우리 아이들을 위해 좋은 선물을 내놓으셨다. 글쓴이의 바람대로 꽃잎을 매만지며, 꽃향기에 취하며, 꽃밭에서 행복해할 아이들의 모습이 책갈피 곳곳에 가득하다.

–《남도 정자 기행 1》의 저자 주재술(울산과학기술원 전 입학팀장)

새로운 세상과 맞서며 성장통을 겪고 있는 청소년에게 무엇보다도 따뜻한 위로가 필요하다. 아름다운 자연과 감동적인 메시지를 전하는 이 책의 저자는 무의식의 세계에 숨어 있는 '내 안의 나'를 세상 밖으로 끌어내 위로를 통해 세상과 춤추게 한다. 특히 2부에서는 들꽃처럼 피어나는 아이들이 들꽃과 친구가 되는 방법을 제시하며, 위로와 치유의 과정을 통해 마음이 성장할 수 있도록 도와준다. 어두운 밤하늘을 밝히는 반딧불이같이 희망의 불꽃을 피워 아름다운 시화를 그려보기를 권한다.

– 이숙인(미술치료학 박사)

풀꽃이 사람의 몸에 약이 되는 것이 많아서 그럴까요? 작가가 직접 찍은 풀꽃을 감상하다 보니 심신이 편안해집니다. 작가의 전작 『그대에게 전하는 시의 위로』만큼 더 큰 울림으로 꽃과 같은 마음이 커가는 책. 꿈을 먹고 사는 아이와 꿈을 잃어가는 어른에게 위로가 되어줄 것입니다.

– 최진희(포항고등학교 국어 교사)

꽃

김춘수

내가 그의 이름을 불러주기 전에는
그는 다만
하나의 몸짓에 지나지 않았다.

내가 그의 이름을 불러주었을 때
그는 나에게로 와서
꽃이 되었다.

내가 그의 이름을 불러준 것처럼
나의 이 빛깔과 향기에 알맞은
누가 나의 이름을 불러다오.
그에게로 가서 나도
그의 꽃이 되고 싶다.

우리들은 모두
무엇이 되고 싶다.
너는 나에게 나는 너에게
잊혀지지 않는 하나의 눈짓이 되고 싶다.

프롤로그

솔직히 꽃을 잘 알지 못합니다. 꽃은 어디든 있습니다. 겨울의 계절을 빼고는 주변에서 쉽게 꽃을 볼 수 있습니다. 꽃은 한자리에 그냥 있습니다. 그래서 애써 생각할 필요가 없었는데, 어느 순간부터 시집을 읽듯 조금씩 훑기 시작하였습니다. 이런 변화는 영양에 와서 맞이한 것입니다.

'내륙의 섬'이라고 불리는 경북 영양은 사계가 아름답습니다. 사방으로 작은 산들이 아늑하게 감싸고, 산야 곳곳에 맑은 물이 흐릅니다. 밤이면 어둠을 밝히는 반딧불이처럼 별이 유난히도 반짝입니다. 밤하늘마저 아름다워 '국제밤하늘보호공원'이라는 이름으로 보호되는 곳이 영양입니다. 영양은 자연의 상태가 잘 보존되어 수많은 아름다운 풀꽃이 시나브로 피고 집니다. 지상에는 밤을 수놓는 별만큼이나 풀꽃이 가득합니다.

꽃은 사람처럼 각양각색입니다. 잘 몰랐던 만큼 마음을 기울였습니다. 이 책 저 책을 살펴보고, 인터넷도 뒤적이며 꽃의 이름과 특징을 하나하나 익혀 갔습니다. 수백 킬로미터 떨어진 곳까지는 가지 못하더라도 지역의 수목원과 식물원에 수시로 드나들었고, 꿀을 찾는 벌처럼 때마다 풀밭과 숲속을 기웃거렸습니다. 독학의 어려움이 있었지만, 새로운 친구들과 만남이 이어지는 즐겁고 행복한 시간이었습니다.

부족하지만 책을 내기로 했습니다. 이 고장의 아이들에게 자기가 태어나 성장한 곳이 얼마나 아름다운 곳인지를 알려주고 싶었습니다. 또한 이들이 자연을 사랑하고 꽃처럼 향기가 나는 사람으로 성장하기를 바랐습니다. 그래서 이 책은 애초 아이들을 위한 교육자료로 시작하였습니다.

책에서 다루고 있는 꽃은 풀꽃입니다. 수많은 꽃 중에서 수국, 장미, 모란, 해당화 등과 같은 꽃나무는 제외하였습니다. 꽃나무까지 접근할 깜냥이 되지 못한 것도 있지만, 우리 아이들이 작고 연약한 것에 관심과 애정을 가졌으면 하는 마음에 풀꽃을 바라보았습니다. 풀꽃 중에도 외국명으로 되어 있는 외래종은 가능한 멀리했고, 주변에서 흔히 볼 수 있는 풀꽃에 눈독을 들였습니다. 야생식물에 대한 전문가가 아니어서 우리나라에 자생하는 야생화를 두루 다루지는 못했습니다.

『그대에게 전하는 꽃의 위로』는 1부와 2부로 되어 있습니다. 1부는 〈너 이름이 뭐니〉라는 제목으로 작고 귀여운 풀꽃들, 봄에 피는 노란 풀꽃들, 가을을 기다려 피는 꽃들, 분홍빛 풀꽃들, 별난 이름의 풀꽃들, 별 모양의 풀꽃들, 외국에서 건너온 풀꽃들, 영양의 진귀한 풀꽃들 등으로 분류하여 우리 주변에서 볼 수 있는 풀꽃을 소개하고 있습니다. 2부는 〈그대라는 꽃을 불러본다〉라는 제목으로 '꽃이랑 사귀기', '꽃이랑 놀기', '꽃 마음 키우기'의 장을 두어 꽃이라는 생명체를 통해 자신과 타자를 이해하는 활동을 제시하고 있습니다.

이 책의 무게 중심은 2부에 있습니다. 아이들이 꽃과 함께 시간을 나눔으로써 자신의 마음을 살피고 자연과 타인을 존중하여 순하고 고운 꽃 마음을 가져보도록 하는 데 목적이 있습니다.

이 책이 나오는 데 경상북도 영양교육지원청의 지원이 있었습니다. 이경 교육장님과 김달하 장학관님의 지지와 격려에 진심으로 감사드립니다. 바쁜 업무에도 꽃 사진과 내용을 하나하나 점검해주신 국립 생태원 멸종위기종복원센터의 이창우 연구원님께도 고마움을 전합니다. 더불어 원고 퇴고와 마무리에 도움을 주신 최진희 선생님께 깊이 감사드립니다.

책의 집필을 위해 선행 연구자들의 저서를 참고하였습니다. 이 책 뒤에 나와 있는 참고문헌의 저자들이 있어 책 출간이 가능했습니다. 얼굴을 모르지만, 이 자리를 빌려 고마운 분께 고개 숙여 감사드립니다.

이 책을 보는 모든 분이 덜 아파하고, 덜 외로워하고, 많이 행복했으면 좋겠습니다. 특히 이 세상의 주인공이 될 그대에게 당부합니다. 세상에는 하고 싶은 것만, 즐기고 싶은 것만 하며 살 수는 없습니다. 언젠가 풀꽃에도 시선을 두는 날이 있었으면 합니다. 이 또한 자신을 사랑하는 일이 될 것입니다. 산에, 들에, 풀밭에, 길가에 피어 있는 풀꽃을 벗을 대하듯 바라봅니다. 눈앞에 또 다른 아름다운 세상이 펼쳐질 것입니다. 그대처럼 풀꽃은 아름답고 소중합니다.

2022년 7월 여름날 영양에서

김현수 씀

차례

3장 여름, 가을에 피는 노란 풀꽃들 61

4장 가을을 기다려 피는 풀꽃들 _ 77

5장 분홍빛의 풀꽃들 91

6장 보랏빛, 자줏빛 풀꽃들 109

7장 여러 색으로 피어나는 꽃 133

8장 별 모양의 꽃들 151

9장 종 모양의 풀꽃들 165

10장 독특한 외양의 풀꽃들 175

11장 동물 이름을 지닌 풀꽃들 189

12장 별난 이름의 풀꽃들 207

13장 외국에서 건너온 풀꽃들 _ 225

14장 영양의 진귀한 풀꽃들 251

2부 그대라는 꽃을 불러본다

15장 꽃이랑 사귀기 279

16장 꽃이랑 놀기 319

17장 꽃 마음 키우기 389

에필로그 _ 435

1

너 이름이
뭐니?

1장
작고 귀여운 풀꽃들

풀꽃은 꼬맹이들처럼 작고 귀엽습니다. 작고 어린 나무도 있지만, 길가에, 산속에 우뚝 솟은 나무는 어른의 키를 훌쩍 넘깁니다. 풀꽃은 가늘고 여립니다. 바람에도 쉽게 흔들리고, 힘이 없어 잡아당기면 뿌리가 뽑힙니다. 그래도 풀꽃은 꼬맹이의 눈처럼 맑고 빛이 납니다.

여기에 소개하는 작고 귀여운 풀꽃은 꽃마리, 참꽃마리, 애기나리, 애기나팔꽃, 애기분홍낮달맞이꽃, 메밀, 주름잎, 냉이, 미나리냉이, 난쟁이아욱, 고마리, 까마중, 바위취, 톱풀, 한련초입니다.

꽃마리

들이나 길가에서 10~30cm 자라고, 전체에 털이 잔뜩 나 있다. 꽃은 연한 하늘색이고, 하늘빛 속에 노란 동그라미 무늬가 있다. 꽃의 크기는 지름이 2mm 정도로 아주 작다.[1] 4월경에 줄기 윗부분에서 여러 송이가 달린다. 처음 꽃이 피고 나서 7월경까지도 연속적으로 피고 지는 것을 반복한다. 줄기의 끝이 도르르 말려 있는 것들이 풀어지면서 줄기를 따라 꽃이 하나씩 핀다고 '꽃말이'라 하다가 '꽃마리'가 되었다. 꽃 모양이 물망초와 비슷한데, 꽃말도 '나를 잊지 마세요'다.

---

1) 위 사진에서 첫 번째 것은 실제 꽃마리의 크기가 아니다. 휴대폰으로 확대하여 찍은 것이다. 몸을 낮추어 자세히 보아야 꽃이 보인다.

참꽃마리

산과 들에서 10~15cm로 정도로 곧게 서다가 지면을 따라 뻗는다. 꽃마리와 같이 전체에 잔털이 나 있다. 꽃은 4~5월 봄에 피며 흰빛이나 연한 하늘빛을 띤다. 꽃마리의 꽃 모양과 유사한데, 참꽃마리가 꽃마리보다 크다. 꽃마리가 2mm 정도라면 참꽃마리는 1cm 정도 된다. 꽃 이름에 '참'이라는 말이 앞에 오는 꽃은 모양이나 품질이 좋다는 의미를 담고 있다. 참깨, 참나물, 참나리, 참취 등이 그러하다. 꽃마리와 마찬가지로 참꽃마리도 어린잎은 나물로 먹고, 잎과 줄기는 약재로 사용한다. 참꽃마리의 꽃말은 '행복의 열쇠'다.

참꽃마리

애기나리

산의 숲속에서 15~30cm 높이로 무리 지어 자란다. 잎은 긴 타원형으로 둥굴레를 닮았고, 줄기는 비스듬히 휜다. 꽃은 흰색으로 4~5월 봄에 피며, 줄기 끝에 별 모양의 작은 꽃이 아래를 보고 핀다. '나리'라는 식물을 닮았지만, 나리보다 키가 작아 '애기나리'라 부른다. 애기나리의 꽃말은 '깨끗한 마음', '요정들의 소풍'이다.

애기나팔꽃

북아메리카 원산의 귀화식물이다. 꽃 모양이 우리나라 전래 악기인 나발(나팔)과 비슷해 나팔꽃이라고 하고, 보통의 나팔꽃보다 작아 '애기나팔꽃'이라 한다.[2)] 줄기는 다른 물체나 식물을 감고 뻗으면서 2m까지 자란다. 9월에 줄기와 잎 사이에서 깔때기 모양의 꽃이 핀다. 꽃은 흰색 또는 연분홍색이다. 크기는 1.5~2cm로 일반적인 나팔꽃보다 작다. 꽃말은 '풋사랑', '애정'이다.

2) 꽃 이름에 '애기'가 들어가는 풀꽃에는 애기괭이밥, 애기토끼풀, 애기풀, 애기달맞이꽃, 애기분홍낮달맞이꽃, 애기똥풀, 애기송이풀, 애기며느리밥풀, 애기앉은부채 등이 있다. 이들 풀꽃은 대체로 꽃이 작고 귀엽다.

애기분홍낮달맞이꽃

멕시코 원산의 바늘꽃과 식물이다. 영어명은 'Pink Evening Promrose'다. 분홍낮달맞이꽃보다 몸집이 작고 꽃의 크기도 작아 붙인 이름이다. 생명력이 강해 들이나 밭둑, 사람이 사는 민가에도 잘 자라고 월동이 가능하다. 5~7월에 분홍색 꽃이 핀다. 꽃이 작아 가지 끝에 하나씩 핀다. 낮달맞이꽃의 특성상 낮에 꽃이 피고 밤에 꽃잎이 오므라든다. 꽃잎은 4개이고, 꽃잎마다 잎맥 모양의 붉은 줄무늬가 있다. 주로 관상용으로 심는다.

메밀

5세기 무렵 중국에서 전파되어 재배하기 시작한 구황 작물(흉년이 든 때 재배하기 적당한 작물)이다. 척박한 땅에서도 잘 적응하고 서늘하고 습한 기후에서 잘 자란다. 잎은 삼각형의 심장 모양이고, 40~70cm 정도로 자란다. 메밀은 성장 기간이 2~3개월로 2모작이 가능하다. 봄에 있는 여름 메밀과 여름에 심는 가을 메밀이 있다. 6~10월에 가지와 줄기 끝에 여러 송이 꽃이 달린다. 꽃은 흰색이나 붉은빛을 띤다. 메밀꽃에는 꿀이 많아 꿀벌이 많이 모여든다.

어린순은 나물로 먹고, 가루를 내어 메밀묵, 메밀국수, 냉면 등의 음식으로 해 먹는다. 메밀에는 탄수화물과 철분을 비롯해 비타민 복합체, 무기질이 풍부하다. 꽃말은 '연인', '사랑의 약속'이다.

주름잎

논둑이나 밭, 빈터에서 비스듬히 자라거나 곧추선다. 전체에 털이 있고, 키는 5~15cm 정도이다. 잎은 주걱 모양이며, 겉에 주름이 있다. 잎에 주름이 많아 주름잎이다. 꽃은 3~9월경 줄기 윗부분에 몇 송이씩 핀다. 꽃의 겉은 보라색이고 안은 흰색인 꽃통인데, 안쪽 흰 바탕에 노란 점이 있다. 줄기 밑동에서 가지가 뻗어 땅에 엎드린 듯 자라는 '누운주름잎'이 있다. 위 사진에서 아래 두 장은 '누운주름잎'이다.[3] 주름잎의 꽃말은 '나는 너를 잊지 않는다'이다.

3) 아래 2장의 사진에 나오는 누운주름잎은 11월 6일 햇살이 비치는 아침에 밭 주변에서 본 것이다.

꽃마리와 주름잎

냉이

세계 각국에 널리 분포하는 배춧과 식물로 밭이나 들에서 자생하며 10~50cm 정도로 자란다. 뿌리에서 여러 개의 잎이 돌려 나와 방석 모양을 이루고, 줄기는 뿌리에서 나와 곧게 자라며 이른 여름까지 여러 개의 흰 꽃이 달린다. 잎은 줄기에 어긋나게 달리고 위로 갈수록 작아진다. 내한성이 강해 추위도 잘 견디고 거친 땅에서도 잘 자란다. 동지 이후에 싹이 나오고 3~6월쯤 매우 작은 꽃들이 긴 대롱에 잔뜩 달린다. 열매는 편평한 삼각형 형상이며, 작은 하트 모양에 가깝다.

이른 봄을 대표하는 들나물 하나로 특유의 향이 있고 달아 꽃이 피기 전에 뿌리째 캐서 나물이나 국으로 먹는다. 꽃이 피면 뿌리와 줄기가 억세져 먹지 않는다. 냉이 종에는 다닥냉이, 콩다닥냉이, 말냉이, 나도냉이, 미나리냉이, 황새냉이, 싸리냉이, 좁쌀냉이 등 여러 가지가 있다.

다닥냉이. 동글납작한 작은 열매가 다닥다닥 달린다. 5~7월에 흰색 꽃이 핀다.

콩다닥냉이. 줄기 윗부분에서 가지가 많이 갈리고, 갈린 가지에서 흰색 꽃송이가 많이 달린다.

말냉이. 잎이 긴 타원형 또는 주걱 모양이며, 끝이 오목하게 파인 원반 모양의 열매가 열린다.

황새냉이. 잎과 줄기에 털이 없으며, 가지가 길게 뻗어 자라고 자잘한 흰색 꽃이 핀다.

나도냉이. 줄기가 곧게 서며 1m 정도까지 자란다. 노란색 꽃송이가 가지와 줄기 끝에 달린다.

미나리냉이

전국 산지의 그늘, 도랑, 습지에서 50cm 정도 자라며, 전체에 털이 나 있다. 냉이의 일종으로 냉이처럼 흰 꽃을 피운다. 깃털처럼 갈라지는 잎이 미나리잎과 비슷하여 미나리냉이라 부른다. 작은 잎 여러 장이 양쪽으로 나란히 줄지어 붙어서 새의 깃털 모양으로 붙어 있다.

개화 시기는 5~6월로 꽃은 원줄기와 가지 끝에 모여 달린다. 미나리냉이 꽃은 마치 높은 산에서 쌓이는 눈처럼 단아하고 아름다워 일본에서는 곤륜산에 쌓이는 눈과 같다고 하여 '곤륜초'라 하기도 한다. 미나리냉이는 '당신에게 모든 것을 맡깁니다'가 꽃말이다.

난쟁이아욱

유럽 및 서아시아 원산의 아욱과 식물이다. 난쟁이처럼 키가 작고 잎도 작아서 붙인 이름이다. 길이 50cm의 줄기가 땅 위를 기고, 줄기 윗부분이 비스듬히 자란다. 잎은 원형인데, 여러 갈래로 갈라지고 가장자리에 얕은 톱니가 있다. 6~9월에 연한 하늘색의 작은 꽃이 잎겨드랑이에서 3~6개 뭉쳐난다. 꽃잎은 5장이며, 꽃잎에 줄무늬가 나 있다. 경북 장기곶 해변에서 무리 지어 피어 있는 것이 처음 발견되었으며, 그 후 남부지방 제주도에서 확인된 바 있다.[4)]

4) 사진의 난쟁이아욱은 7월 10일 경북 영덕 해변에서 본 것이다.

고마리

산골짜기 냇가나 마을 근처 도랑 등 물이 있는 양지에서 군락을 이루어 1m까지 자란다. 7~10월에 가지 끝에 작은 꽃송이가 10~20개씩 달리며, 흰색, 연분홍색, 흰색에 분홍색이 섞인 꽃이 핀다. 뿌리가 물을 흡수하여 정화하는 능력이 있어 도랑이나 습지의 가장자리는 물론 하수도 부근에서도 잘 자란다. 고마리는 물을 깨끗하게 하고 가축 사료용이나 퇴비용으로 사용되어 우리에게는 고마운 풀이다. 민간에서 줄기와 잎은 지혈제로 쓰기도 한다. 칼에 베이거나 피가 나는 상처를 입었을 때 고마리 잎을 찧어서 상처에 붙이면 지혈 효과가 있다. 꽃말은 '꿀의 원천'이다.

고마리 군락

까마중

여름에 밭이나 빈터에서 80cm 정도 자란다. 까맣고 반질반질한 열매가 스님의 머리를 닮아 까마중이라 한다. 열매는 콩알보다 작다. 흰색 꽃이 5~7월에 피며, 줄기에서 나온 긴 꽃줄기에서 여러 송이가 모여 달린다. 어린잎은 삶아서 우려내어 나물로 먹는다. 한방에서는 풀 전체를 캐서 말려 고혈압, 종기, 기관지염, 감기 등에 처방한다. 검게 익은 열매는 달달하면서도 새콤한 맛이 난다. 하지만 열매 속에는 솔라닌이라는 독성이 있어 많이 먹으면 부작용을 일으킬 수 있다. 꽃말은 '동심'이다.

바위취

우리나라 중부 이남의 습하고 그늘진 산지에서 60cm 정도로 자란다. 유난히 바위틈에서 잘 자라고 어린잎은 나물로 먹을 수 있어 바위취라 한다. 전체에 털이 나 있고, 뿌리줄기에서 잎이 뭉쳐난다. 5~6월에 흰빛이 도는 작은 꽃이 핀다. 꽃줄기 윗부분에 원뿔 모양으로 달린다. 꽃잎은 다섯 장인데, 위 세 장은 작고, 아래 달린 두 장은 크다. 세 장의 작은 꽃잎에는 붉은색 점이 있다. 꽃이 아름답고 독특해 관상용으로 정원이나 화단에 많이 심는다. 생명력이 강해 도시 지역에서는 물이 흐르는 수로 부근이나 음습한 곳에 일부러 심기도 한다. 한방에서는 식물체 전체를 약재로 사용한다. 열을 내리고 염증을 줄이는 데 효능이 있고, 경련이나 중이염에 바위취의 생즙을 이용한다. 꽃말은 '절실한 사랑'이다.

톱풀

국화과 식물로 산과 들에 50~110cm 정도로 자란다. 잎가의 거친 톱니가 톱날과 비슷해 톱풀이라 한다. 줄기 윗부분에 털이 많으며, 7~10월에 꽃대 위에 작은 흰색 꽃들이 모여 핀다. 유럽에서는 많은 품종을 개량하여 원예용으로, 관상용으로 화단에 심는다. 어린순은 데쳐서 나물로 먹고, 한방에서는 식물체 전체를 다려 위를 튼튼하게 하고 체력을 증진하는 약으로 사용한다. 꽃말은 '변함없는 행복', '변함없는 사랑'이다.

한련초

국화과 한해살이풀로 논두렁이나 도랑과 같은 습한 곳에서 10~30cm 정도로 자란다. 온몸에 짧은 털이 나 있고, 피침형의 잎이 마주난다. 꽃은 8~10월에 잎겨드랑이에서 나온 꽃자루 끝에 한 개씩 달린다. 줄기를 자르면 검은 진액이 나오는데, 예전에는 이 진액을 활용해 수염이나 머리를 물들이는 데 사용하였다.

한련초는 과거부터 약재로 쓰던 식물로 어린 잎은 삶아 먹고, 꽃을 포함한 모든 부분을 약재로 쓴다. 소염 작용, 지혈 작용, 이뇨 작용, 여성 질환 등에 효과가 있다고 한다. 꽃말은 '애국심', '승리'다.

2장
봄에 피는 노란 풀꽃들

봄이면 노란색 꽃이 기지개를 켭니다. 개나리가 먼저 봄이 왔음을 알려 줍니다. 민들레와 같은 풀꽃도 서서히 고개를 내밉니다. 수선화, 씀바귀, 꽃다지, 괭이밥, 양지꽃, 노랑꽃창포, 벌노랑이, 가락지나물, 미나리아재비도 노란색 꽃을 피웁니다.

봄에는 왜 노란색 꽃이 많을까요? 노란색은 봄의 색이라고 해도 지나치지 않습니다. 노란색은 따뜻함, 생기발랄함, 귀여움을 나타낸다고 합니다. 유치원으로 가는 꼬마들의 옷과 가방이 노란색이 많은 것을 보면 노란색은 귀여운 아이들의 색이기도 합니다. 이 또한 우연인지는 모르지만, 봄에 피는 노란 풀꽃들은 대개 작고 귀엽습니다.

민들레

민들레

민들레와 서양민들레

서양민들레

국화과 식물로 이른 봄 뿌리에서 여러 개의 잎이 돌려난다. 우리가 접하는 대부분의 민들레는 서양민들레다. 민들레(Korean dandelion)는 봄에만 피는 데 반해, 서양민들레는 봄부터 가을까지 핀다. 꽃 색을 보면 서양민들레와 다르게 민들레는 연한 노란빛을 띤다. 꽃의 밑동을 감싸고 있는 꽃받침 곧 총포에서도 차이가 있다. 민들레는 밀착하여 위를 향하는데, 서양민들레는 총포가 뒤로 젖혀 아래로 향한다. 민들레는 곤충의 도움을 받아 다른 꽃과의 수정으로 씨앗을 만드는데, 서양민들레는 곤충의 도움 없이 자기 꽃가루로 수정하는 자가수분이 가능하고, 수정 없이 씨앗을 만들기도 한다.

이렇게 번식력과 생명력이 뛰어난 서양민들레의 교잡과 확산으로 우리 민들레가 설 자리를 잃었다. 민들레는 거의 소멸에 가까워 좀처럼 보기가 어렵다.[1] 들이나 풀밭에서 가끔 보이는 흰민들레는 100% 토종이다.

1) 민들레를 볼 수 없어 민들레 사진을 '한국식물학회 네이버 백과(tetms. naver.com)에서 가져왔다. 위 사진에서 세 번째 사진만 필자가 찍은 것이다.

수선화

지중해 연안이 원산지인 귀화식물이다. 수선화는 꽃가루받이를 못하고 뿌리로만 번식하는 구근식물, 곧 알뿌리식물이다. 늦겨울에 알뿌리에서 싹을 틔우고, 3월에 노란색 또는 흰색 꽃을 피우고 5~6월에 잎을 떨구고 알뿌리 상태로 여름을 난다. 제주도에서는 눈이 오는 추운 겨울에도 피어나는 꽃이라는 의미로 수선화를 '설중화(雪中花)'라 한다.

한자의 의미로 보면, 수선화(水仙花)는 '물가의 신선'이다. 조선 시대 서예의 대가인 추사 김정희(1786~1856)가 제주도에서 유배 생활을 할 때, 수선화에 심취하며 '날씨는 추워도 꽃봉오리 동글동글, 맑은 물에 핀 수선화 해탈 신선이구나'라고 극찬하였다.

속명인 '*Narcissus*'는 그리스 신화 속의 미소년 나르키소스(나르시스)에서 유래한다. 소년이 호수에 비친 자신의 모습에 반해 빠져 죽은 자리에서 수선화가 피었다고 한다. 그래서 꽃말이 '자기도취', '자기애', '고결'이다.

씀바귀

산과 들에서 20~50cm로 자란다. 5월 봄에 줄기 끝과 그에 가까운 잎겨드랑이로부터 자란 꽃대에서 6~8송이 꽃이 핀다. 줄기나 잎을 자르면 쓴맛이 나는 흰 액이 나온다. 쓴맛이 나지만 냄새가 향긋해서 봄나물로 즐겨 먹는다. 특히 씀바귀로 만든 김치는 쌉쌀한 맛이 있는데, 이눌린이라는 성분이 쓴맛을 낸다.

씀바귀에도 여러 종류가 있다. 노란 꽃이 피는 일반적인 씀바귀 외에도 잎이 작고 동그란 '좀씀바귀', 흰 꽃이 피는 '흰씀바귀', 연보랏빛이나 연한 노란 꽃이 피는 '선씀바귀', 바닷가 모래땅에서 자라는 '갯씀바귀', 8월~9월 여름에 숲의 가장자리에서 피는 '산씀바귀' 등이 있다. 꽃말은 '헌신', '순박함'이다.

선씀바귀

좀씀바귀

꽃다지

봄에 들이나 밭의 양지바른 곳에서 10~20cm 정도로 자란다. 잎과 줄기에 짧은 털이 나 있다. 줄기 옆으로 뻗어나는 열매는 주걱 모양이다. 4~5월경에 원줄기나 가지 끝에 아주 작은 노란 꽃송이들이 달린다. 꽃다지와 냉이는 사는 곳이 겹치는데, 냉이는 보통 흰 꽃이 피고, 꽃다지 꽃은 노란색이다. 무더기로 모여서 한꺼번에 꽃이 피어 꽃다지라 한다. 늦가을에 씨가 발아하여 잎이 생기고 추운 한겨울에 보송한 솜털을 달고 양지바른 곳에서 엎드리고 있다가 봄이 되면 꽃대를 올려 꽃을 피운다. 어린잎은 나물로 먹고, 한방에서는 이뇨제, 변비약으로 이용한다. 꽃말은 '무관심'이다.

괭이밥

전국의 밭이나 길가, 빈터에서 10~30cm 자란다. 고양이가 배가 아프거나 소화가 안 될 때 뜯어 먹는다고 해서 괭이밥이다. 괭이밥의 잎은 새콤한 맛이 나며 소화를 도와 생초로도 먹을 수 있다. 잎겨드랑이에서 나온 긴 꽃줄기 끝에 한 송이씩 노란 꽃이 달린다. 열매는 원기둥 모양으로 9월에 여문다. 흔히 토끼풀과 혼동하는데, 토끼풀의 잎은 둥근 타원형이고 괭이밥은 하트 모양이다. 괭이밥의 꽃말은 '빛나는 마음'이다.

양지꽃

산과 들의 양지바른 곳에서 20~50cm 자란다. 양지에서 잘 자라 양지꽃이라 한다. 뿌리에서 돋은 잎은 여러 개 나와서 사방으로 비스듬히 퍼진다. 4~6월에 꽃대 하나에 노란색의 꽃이 여러 송이 핀다. 우리나라에는 세잎양지꽃, 솜양지꽃, 돌양지꽃, 민눈양지꽃 등 17종의 양지꽃 종이 서식하는 것으로 알려져 있다.

양지꽃과 생김새가 비슷한 뱀딸기는 꽃줄기 하나에 하나의 꽃이 핀다. 이 둘은 잎의 형성에서 차이가 있다. 양지꽃이나 뱀딸기 모두 세 잎을 이루나, 양지꽃은 세 잎 아래쪽으로 작은 잎이 마주나는 것이 특징이다. 양지꽃의 꽃말은 '사랑스러움'이다.

뱀딸기

양지꽃

노랑꽃창포

유럽 원산의 귀화식물로 습지나 물가에 뿌리를 내려 자란다. 잎은 긴 창 모양이고 두 줄로 늘어선다. 5~6월에 노란색의 꽃이 줄기 끝에 한 송이씩 핀다. 활짝 핀 꽃이 예뻐 관상용으로 노랑꽃창포를 연못가에 많이 심는다. 잎이 '창포'와 비슷하고 노란색 꽃이 피어 '노랑꽃창포'라고 한다.

창포는 잎이 긴 선형으로 뿌리에서 뭉쳐난다. 키는 60~90cm로 자란다. 6~7월에 잎처럼 생긴 꽃줄기 중앙에서 원기둥 모양으로 모여 달린다. 잎에는 특이한 향이 있어 예전에는 음력 5월 5일 단오 명절이면 창포를 삶은 물에 머리를 감거나 목욕을 하는 풍속이 있었다.

창포[2]

꽃창포

2) 출처 https://commons.wikimedia.org

6~7월 여름에 자주색 꽃이 피는 '꽃창포'가 있다. 꽃잎은 5~6장으로 바깥쪽 꽃잎 세 장에 노란 무늬가 있는 것이 특징이다. 노랑꽃창포와 마찬가지로 붓꽃과에 속하지만, 꽃창포는 우리나라에서 자생하는 고유종이다.

노랑꽃창포

벌노랑이

산과 들의 양지바른 풀밭에서 30cm 정도 자란다. 4~10월[3]에 잎겨드랑이에서 나온 잎자루에서 나비 모양의 노란 꽃이 1~3송이씩 핀다. 뿌리에서 여러 개의 줄기가 돋아나면서 잔가지가 많이 갈라지는데, 보통 5장의 잎이 붙어 있다. 강한 생명력으로 땅에서 기는 성질이 있고, 척박한 땅에서도 잘 자란다. 벌판에서 무리 지어 노란 꽃이 핀다고 하여 벌노랑이다. 가축의 사료로 쓰며, 곤충들의 좋은 먹이가 된다. 꽃말은 '다시 만날 때까지'다.

---

3) 도감이나 인터넷 사이트에는 벌노랑이의 개화 기간을 5(6)~7(8)월로 보고 있으나, 경북 일대에서는 4월에서 10월까지 벌노랑이의 꽃을 볼 수 있다. 위 사진에서 오른쪽은 2021년 10월 10일에 찍은 것이다. 김종원 교수가 쓴 『한국식물생태보감1』(자연과생태, 2013)에는 '4~10월'로 되어 있다.

벌노랑이와 서양벌노랑이

가락지나물

들의 습기가 있는 곳에서 높이 20~60cm 정도로 밑부분이 비스듬히 누워 자란다. 5~7월에 지름 8~10mm 크기의 노란 꽃이 핀다. 5개의 잎이 손가락을 닮아 붙여진 이름이다. 예전에 시골에서 아이들이 꽃을 따서 가락지를 만들어 놀이에 사용한 것에서 이름이 유래했다는 설도 있다.

한방에서 식물체 전체를 말려 발열, 종기, 습지 등에 처방한다. 가락지나물은 염증과 항산화 작용에 효험이 있는 '플라보노이드'라는 성분을 함유하고 있다. 날것을 짓찧어서 상처가 난 곳이나 뱀, 벌레에게 물린 자리에 붙이면 효과가 있다. 꽃말은 '아기손'이다.

미나리아재비

전국의 산과 들의 습기가 있는 곳에서 50~70cm 자란다. 전체에 흰 털이 나 있고, 잎은 깃털 모양으로 가장자리에 톱니가 있다. 꽃 이름에 '미나리'가 붙지만 미나리와는 다른 꽃이다. 식물 이름에서 비슷한 면이 있지만 다른 특성이 있을 때 '아재비'라는 말을 쓴다. 꽃은 5~6월에 피며, 많이 갈라지는 가지 끝마다 윤기 나는 노란 꽃이 여러 송이 모여 달린다. 식물체에 독성이 있으나, 연한 순은 데쳐서 나물로 먹기도 한다. 꽃말은 '천진난만', '아름다운 인격'이다.

3장
여름, 가을에 피는 노란 풀꽃들

조사에 따르면 우리나라 꽃에서 가장 많은 꽃 색이 노란색이라고 합니다. 꽃의 색을 결정짓는 것은 꽃의 세포 안에 있는 색소입니다. 꽃에 들어 있는 색소가 햇빛을 흡수, 반사하는 특징에 따라 꽃의 색이 정해집니다. 꽃이 노랗게 보이는 것은 그 꽃이 지니고 있는 색소가 다른 색의 파장을 모두 흡수하고 노란색 부분만 반사해 사람의 눈에 노랗게 보이기 때문입니다.

여기서 소개하는 금불초, 백운산원추리, 딱지꽃, 쑥갓, 뚱딴지, 이고들빼기, 왕고들빼기, 달맞이꽃, 개연꽃, 좁쌀풀, 미역취, 마타리, 털머위는 여름이나 가을에 노란 꽃이 핍니다.

금불초

전국의 산과 들에서 20~60cm 높이로 곧게 자란다. 전체에 털이 있고, 잎은 어긋나며 넓은 피침형이다. 잎 가장자리에는 자잘한 톱니가 있다. 7~9월에 줄기와 가지 끝에 노란색 꽃이 핀다. 꽃의 형상은 개망초와 같이 달걀 프라이를 연상시킨다. 어린순과 잎은 나물로 먹고 약으로도 쓴다. 꽃이 금부처와 같이 황금색이므로 금불초(金佛草)라 한다. 불교와 관련한 꽃 이름에는 금불초 외에 부처꽃, 부처손, 까마중, 중대가리풀 등이 있다. 꽃말은 '상큼함'이다.

백운산원추리

백합과 식물로서 전남 백운산에서 처음 발견된 원추리여서 백운산원추리라고 하는데, 전국적으로 분포한다. 6~7월, 진한 노란색 꽃이 아침에 피어 저녁에 진다.

우리나라에 자생하는 원추리 종에는 원추리[1], 왕원추리, 백운산원추리, 큰원추리, 애기원추리, 각시원추리, 골잎원추리, 홍도원추리, 태안원추리, 노랑원추리 등 10종으로 알려져 있다. 애기원추리, 각시원추리, 골잎원추리는 주로 한반도 북쪽 지역에 분포하고, 홍도원추리, 태안원추리, 노랑원추리는 서해안 지역에서 제한적으로 분포한다. 야산이든 높은 산이든 야생에서 흔하게 자라는 노

1) 원추리는 꽃잎이 6장이고, 주황색 바탕에 노란 줄무늬가 있다. 왕원추리는 원추리와 생김새가 유사하지만 꽃이 겹꽃으로 피는 점이 다르다. 이 둘은 중국 원산으로 보이며, 중국 대륙에서 어떻게 우리나라에 유입되었지 정확히 알 수는 없다. 지금은 반고유종으로 우리나라 자연생태계 구성원이 되었다. 원추리의 한글 기재는 1613년『동의보감』에 처음 나타난다. 김종원,『한국식물생태보감2』(자연과생태, 2016), 545~548쪽 참조.

란색 원추리는 대부분 백운산 원추리이고, 높은 산에서 가끔 보이는 것이 '큰원추리'다

원추리 종류는 대개 하루만 꽃이 피고, 거의 매일 꽃봉오리가 길게는 한 달가량 새로 만들어진다. 원추리 종은 꽃이 하루밖에 못 간다고 하여 '데이릴리(day lily)' 또는 '하루 백합'이라 부르기도 한다. 꽃이 아침에 피고 저녁에 시들어서 마치 하루살이 같지만, 다른 꽃봉오리에서 연속적으로 피기 때문에 개화 기간이 긴 편이다. 원추리의 꽃말은 '기다리는 마음', '하루만의 아름다움'이다.

원추리 군락

딱지꽃

들이나 강가의 양지바른 곳에서 30~60cm로 자란다. 생김새가 봄에 피는 양지꽃과 비슷하다. 여러 장의 작은 잎이 마주나며, 작은 잎은 새 깃처럼 갈라진다. 줄기와 잎의 뒷면에 솜털이 많이 나 있다. 6~7월에 노란색의 꽃이 핀다. 딱지꽃은 아이들이 놀이를 할 때 쓰는 딱지처럼 땅바닥에 납작하게 퍼져 자란다고 하여 붙인 이름이다. 잎이 지네를 닮았다고 해서 '지네풀'이라고도 한다.

어린잎은 나물로 먹고, 한방에서는 해열, 이뇨 등에 약으로 쓴다. 오늘날에는 의약품, 향수, 바디크림 등 다양하게 활용되고 있다. 잎에는 비타민과 미네랄 함량, 항산화 활성도가 높아 차 분말과 영양 보충제 등으로 사용된다. 꽃말은 '언제나 사랑해'다.

쑥갓

유럽이 원산인 국화과 식물로 세계 각지에서 식용의 채소로 재배하고 있다. 잎이 쑥을 닮았고 6월에 꽃이 핀다. 하얀 바탕에 가운데가 노랗거나 전체가 노랗다. 향이 좋고 아삭한 식감이 있어 나물 또는 쌈으로 먹거나 매운탕이나 찌개에 넣어 먹는다. 꽃이 예뻐 서양에서는 관상용으로 화단에 심고, 식용으로는 먹지 않는다.

쑥갓에는 두뇌 건강에 좋은 엽산 성분, 혈액 순환에 도움을 주는 칼륨, 눈 건강에 좋은 비타민 A, 뼈를 튼튼하게 하는 칼슘 등을 함유하고 있고, 각종 무기질 성분과 항산화 성분이 풍부하여 면역력 강화와 피로 해소에도 도움을 준다. 꽃말은 '상큼한 사랑'이다.

뚱딴지

북아메리카 원산으로 1.5~3m까지 자란다. 전체 억센 털이 있다. 잎은 끝이 뾰족한 긴 타원형이며 가장자리에 톱니가 있다. 8~10월에 줄기와 가지 끝에서 노란색 꽃이 한 송이씩 달린다. 꽃과 잎이 감자같이 생기지 않았는데, 뿌리(덩이줄기)가 감자를 닮아 뚱딴지같다고 하여 붙인 이름이다. 뿌리에는 덩이줄기가 많이 생기는데, 이 덩이줄기가 무르고 익히면 수분이 많아 돼지나 먹을 수 있는 감자라는 뜻으로 '돼지감자'라고도 한다.

돼지감자의 덩이뿌리는 우리 몸에 좋은 효능이 있어 식용하기도 한다. 덩이뿌리에 '이눌린'이라는 섬유질 성분이 있어 몸의 콜레스테롤을 낮추고, 각종 감염을 막으며 면역력을 높여준다. 돼지감자를 먹으면 포만감을 지속시켜 체중 감량에도 도움이 된다. 꽃말은 '미덕', '음덕'이다.

이고들빼기

고들빼기의 일종으로 7월 여름에서 10월 가을까지 꽃이 핀다. 이 꽃은 봄에 피는 고들빼기처럼 노란색이다. 키가 작고 가지가 많이 갈려져 있는 이고들빼기는 잎의 밑부분을 감싸고 있는 모양이 귀(耳)처럼 생겨서 또는 꽃잎 끝이 사람의 치아처럼 생겨서 '이고들빼기'라고 부른다. 산과 들과 메마른 땅에서 무리지어 30~70cm로 자란다. 줄기나 잎을 자르면 하얀 유액이 나온다.

이고들빼기는 예로부터 기침과 천식에 약재로 사용하였고, 이눌린, 사포닌, 토코페롤 등의 성분을 함유하고 있어 간 기능 회복과 당뇨 개선에 효과적인 것으로 알려져 있다. 꽃말은 '순박함'이다.

왕고들빼기

산과 들이나 밭 근처에서 2m까지 자라는 국화과 식물이다. 봄에 피는 샛노란 '고들빼기'와 마찬가지로 국화과이지만, 피는 시기와 꽃의 색이 다르다. 왕고들빼기는 7~9월에 연한 노란색의 꽃들이 줄기와 가지 끝에 여러 송이 달린다. 다른 고들빼기에 비해 훨씬 크다고 '왕고들빼기'라 한다. 전체는 약재로 쓰고, 어린 순과 뿌리는 나물로 무쳐 먹는다. 잎이나 줄기를 꺾으면 이고들빼기처럼 하얀 유액이 나오는데, 이 진액이 사포닌 성분을 지니고 있어 항암 작용을 한다. 꽃말은 '모정(母情)'이다.

달맞이꽃

남아메리카 칠레 원산의 귀화식물이며, 산과 들의 빈터나 물가에서 1m 내외로 자란다. 줄기가 곧게 서고 가지가 갈라지기도 한다. 잎은 어긋나고 끝이 뾰족한 피침형이다. 꽃은 6~10월에 노란색으로 피며 잎겨드랑이에 한 개씩 달린다. 달이 뜨는 저녁 무렵 피었다가 아침에 시든다고 하여 달맞이꽃이라 한다.

달맞이꽃 종에는 전국적으로 분포하는 달맞이꽃 외에 잎이 크고 넓은 '큰달맞이꽃', 모래땅에서 땅 위를 기듯이 자라는 '애기달맞이꽃' 등이 있다. 이 모두 북아메리카 원산이고, 노란 꽃이 핀다. 달맞이꽃의 꽃말은 '기다림'이다.

개연꽃

수련과 수생 생물로 햇볕이 잘 드는 온화한 기후에서 잘 자란다. 뿌리는 땅속에 고정되어 있으며, 뿌리줄기에서 난 긴 잎자루가 물 위로 떠오른다. 물 밖으로 나온 꽃줄기 끝에 한 송이씩 핀다. 6~9월에 노란색 꽃이 핀다. 꽃잎과 마찬가지로 노란색을 띠는 꽃받침조각이 5개로 꽃잎처럼 보인다. 노란색의 작은 꽃과 타원형의 잎이 물 밖으로 나와 있는 것이 개연꽃의 특징이다. 개연꽃의 꽃말은 '위험한 사랑'이다.

꽃의 중앙부에 있는 암술머리가 노랗지 않고 붉은 것이 있는데, 이것은 '남개연'이다.[2] 남쪽에서 자란다고 남개연으로 불리며, 1986년 이영로 박사의 도감에 실리면서 알려졌다.

2) 남개연 사진 출처 commons.wikimedia.org

좁쌀풀

산과 들의 습지에서 1m 정도로 자란다. 줄기는 곧게 서고, 피침형의 잎이 마주나거나 3~4장씩 돌려난다. 6~8월에 노란색 꽃이 핀다. 줄기 끝에 여러 송이가 모여 달린다. 노란색 작은 꽃들이 다닥다닥 붙어 있는 것이 좁쌀이 붙어 있는 것으로 보여 '좁쌀풀'이라 부른다. 좁쌀풀 종에 한국 특산식물로 꽃 안쪽에 붉은빛이 도는 '참좁쌀풀'이 있다.

8월에 흰색 꽃이 피는 '깔끔좁살풀'도 있다.[3] 이 풀꽃은 제주도 한라산에 분포하는 한국 고유종으로 개체 수가 적어 멸종 위기종으로 지정, 보호되고 있다. 높이는 5~10cm 정도로 작다.

3) 깔끔좁쌀풀 사진 출처 '국가생물종지식정보시스템(www.nature.go.kr)' 식물도감

미역취

산과 들에서 자생하는 국화과 식물로 산과 들의 볕이 잘 드는 풀밭에서 30~80cm 정도 자란다. 줄기는 곧게 서고, 윗부분에서 가지가 많이 갈라진다. 줄기에 잔털이 나 있다. 잎은 긴 타원형이고 가장자리에 톱니가 있다. 7~10월에 노란색 꽃이 피는데, 3~5개의 작은 꽃들이 모여 머리 모양을 이룬다. 미역취는 식이섬유와 비타민이 풍부한 산나물로 식용한다. 식물체에 사포닌이라는 물질이 들어 있어 약으로 쓰기도 한다. 잎이 미역처럼 미끈하다고 해서 미역취라고 한다. 꽃말에 '섬색시'가 있다.

마타리

미역취와 생김새가 비슷한 '마타리'다. 양지바른 들이나 산에서 150cm로 자란다. 잎은 깃꼴로 갈라지며 마주난다. 7~10월에 노란색 꽃이 가지 끝에 여러 개가 모여 달린다. 어린잎은 나물로 먹고, 식물 전체를 어혈이나 염증 치료에 쓴다. 꽃말은 '무한한 사랑'이다.

소녀가 산을 향해 달려갔다.
이번은 소년이 뒤따라 달리지 않았다.
그러고도 소녀보다 더 많은 꽃을 꺾었다.

"이게 들국화, 이게 싸리꽃, 이게 도라지꽃…"
"도라지꽃이 이렇게 예쁜 줄은 몰랐네."
"난 보랏빛이 좋아!… 근데 이 양산같이 생긴 꽃은 뭐지?"
"마타리꽃"

소녀는 마타리꽃을 양산 받듯이 해 보인다.
약간 상기된 얼굴에 살풋한 보조개를 떠올리며…
다시 소년은 꽃 한 움큼을 꺾어 왔다.
- 황순원의 '소나기'에서

털머위

국화과 식물로 바닷가 인근의 산지나 습기가 충분한 반그늘 지역에서 30~50cm로 자란다. 잎이 봄에 나는 머위처럼 둥글고 두껍고 크다. 줄기 전체에 털이 많이 나 있고, 잎 모양이 머위와 닮아 털머위다. 봄나물로 먹는 머위 잎은 앞면에 광택이 없는데, 털머위는 잎의 앞면에 윤이 난다. 잎은 뿌리에서 모여 나고, 9~10월에 노란색의 꽃이 여럿 달린다. 이따금 눈 내리는 12월 겨울까지 꽃이 피기도 한다. 꽃말은 '변함없는 마음', '다시 찾은 사랑'이다.

4장

가을을 기다려 피는 풀꽃들

무더운 여름을 지나 시원한 바람이 불어오는 가을을 기다려 피는 풀꽃이 있습니다. 서정주 시인의 '국화 옆에서'라는 시에 "한 송이의 꽃을 피우기 위해 봄부터 소쩍새가 그렇게 울었나 보다"라는 표현이 있습니다. 그야말로 가을은 국화의 계절입니다.

흔히 우리가 말하는 가을의 꽃으로 들국화를 말하는데, 들국화라는 개별 종은 없습니다. 들국화는 가을에 피는 야생 국화류의 전부를 일컫는 말입니다. 대표적인 들국화에는 구절초, 쑥부쟁이, 벌개미취, 산국, 감국 등이 있습니다. 이들 들국화는 가을의 계절에 맞게 꽃의 색이나 향이 그렇게 진하지도 않고 은은한 느낌을 줍니다. 연보라색, 흰색, 분홍색, 노란색 등의 꽃이 주종을 이루고, 키도 100cm 내외로 많이 크지도 않습니다.

여기서는 가을의 들국화로 구절초, 쑥부쟁이, 미국쑥부쟁이, 섬쑥부쟁이, 벌개미취, 참취, 산국, 해국을 소개합니다.

구절초

가을에 산과 들에 피는 국화과 식물로 음력 9월 9일에 약효가 가장 좋다고 하여 구절초라 한다. 9~11월에 줄기나 가지 끝에 꽃이 한 송이씩 하늘을 향해 핀다. 잎이 가장자리에 톱니가 나 있는 국화를 닮았고, 꽃과 잎에서 국화와 유사한 향이 난다. 구절초 종에는 산구절초, 가는잎구절초, 넓은잎구절초, 바위구절초 등이 있다. 구절초는 예로부터 손발을 따뜻하게 하고 부인병을 치료하는 데 약재로 사용하였다. 구절초의 꽃말에는 '순수', '어머니의 사랑', '고상', '우아한 자태' 등이 있다.

구절초

쑥부쟁이

국화과 식물로 산과 들의 약간 습한 곳에서 30~100cm 정도 자란다. 잎에는 털이 없고 가장자리에 굵은 톱니가 있다. 7~10월경에 연한 보랏빛 꽃이 핀다. 꽃을 받치고 있는 총포가 밀착하여 반듯하게 자리하고 있다. 우리가 흔히 말하는 쑥부쟁이는 개쑥부쟁이다. 쑥부쟁이가 축축한 곳에서 자라는 데 반해, 개쑥부쟁이는 건조한 곳에서 잘 자란다. 개쑥부쟁이는 잎이 피침형으로 가장자리에 톱니 모양이 두드러지지 않는다.

쑥부쟁이라는 말은 '쑥'과 '부쟁이(불쟁이)'의 합성어다. 가난한 대장장이의 딸이 배고픈 동생들을 먹이기 위해 쑥을 캐러 다녔는데, 그녀는 자신이 구한 사냥꾼을 그리워하다가 벼랑에서 떨어져 죽고 만다. 그 자리에서 피어난 꽃이 쑥부쟁이다. 이 꽃의 꽃말은 '기다림'이다.

개쑥부쟁이

미국쑥부쟁이

북아메리카 원산의 여러해살이풀로 전국 일대의 들이나 산기슭, 길가, 하천 등 어디서든 잘 자란다. 연보랏빛 꽃이 피는 쑥부쟁이 종류와 달리 작은 흰 꽃이 무리 지어 핀다. 한번 자라난 곳에서는 뿌리로 월동하고 주위로 퍼져나가면서 다른 식물을 자라나지 못하게 하여 '생태계 교란 식물'로 지정되었다.

섬쑥부쟁이

섬에서 잘 자라는 쑥부쟁이의 한 종류다. 특히 울릉도에서 많이 나는 나물로 '부지깽이나물'이라고도 한다. 이 명칭은 섬쑥부쟁이를 부르는 울릉도 방언으로 '배고픔을 느끼지 않게 해주는 '부지기아초(不知飢餓草)'에서 유래되었다. 높이는 40~100m 정도이고, 줄기는 곧게 서고 위쪽에서 가지가 많이 갈라진다. 잎은 타원형이고, 끝이 뾰족하고 가장자리에 굵은 톱니가 나 있다. 9~10월에 흰색 꽃이 핀다. 꽃대 끝에 많은 작은 흰색 꽃들이 모여 머리 모양을 이룬다. 이런 꽃 형태를 '두상화'라 하는데, 두상화 중앙부에는 노란색 관 모양의 꽃이 달린다. 섬쑥부쟁이는 비타민, 단백질, 인, 칼슘 등이 풍부하고, 인후염, 편도선염, 기관지염에 효과가 있는 것으로 알려져 있다.

벌개미취

습기가 있는 풀밭에서 자라는 국화과 식물로 50~60cm 높이로 곧게 자란다. 뿌리잎은 모여나지만, 줄기 잎은 길쑥하며 가장자리에 잔 톱니가 있다. 6~10월에 연한 보라색의 꽃이 피며, 줄기와 가지 끝에 한 송이씩 달린다. 벌개미취는 한국 특산종으로 벌판에서 자라는 개미취라는 의미에서 이름이 유래하였다. 개미취는 1.5~2m의 높이로 자라며, 꽃이 피면 제 무게에 못 이겨 기울어져 있는 모습을 종종 볼 수 있다. 벌개미취는 개미취에 비하면 키가 절반도 안 되고, 전체에 털이 거의 없다. 벌개미취의 꽃말은 '너를 잊지 않으리', '청초'다.

참취

국화과 식물로 산과 들에서 70~150cm 정도까지 자란다. 진짜 맛있는 취나물이라고 해서 참취라 한다. 봄에 돋는 어린순은 취나물이라고 해서 산나물로 먹는다. 줄기는 곧게 자라 가지가 많이 갈라지고, 위쪽으로 갈수록 털이 많이 나 있다. 꽃은 흰색이며, 7~10월경에 가지 끝에 많은 꽃이 뭉쳐 머리 모양을 이룬다.[1] 참취의 꽃말은 '참맛'이다.

1) 꽃대 끝에 많은 꽃이 뭉쳐 붙어 머리 모양을 이룬 꽃을 '두상화(頭狀花)'라 한다. 국화, 민들레, 해바라기, 엉겅퀴 등이 두상화에 해당한다.

산국

산에서 자라는 국화라 하여 산국이다. 높이 1m 정도 자라며 9~11월에 노란색 꽃이 핀다. 산국과 유사한 감국이 있다. 이 또한 국화과이며 노란색 꽃이 피는데, 꽃송이가 산국보다는 크다. 감국이 500원짜리 동전만 하다면, 산국은 50원짜리 동전만 하다. 산국은 지름 1.5cm 정도로 감국보다는 작고, 줄기 위쪽 가지가 감국보다 많이 갈라져 많이 달린다. 꽃의 크기로 보면 산국은 작지만, 전체 키로 보면 산국이 훨씬 크다. 감국의 키가 60~90cm 정도라면, 산국은 1m~1.5m이다. 꽃이 모여 있는 모양에서도 차이가 난다. 산국에 비해 감국 꽃은 성글게 핀다.

감국

이름의 한자에서 알 수 있듯 감국(甘菊)은 단맛이 난다. 이에 반해 산국은 전체에서 쓴맛이 난다. 쓴맛이 나는 산국도 감국과 마찬가지로 꽃을 차로 만들거나 어린순을 나물로 먹는다.

감국

해국

바닷가에서 잘 자라는 국화라는 의미로 해국이다. 바위틈에서 30~60cm 높이로 무리 지어 자란다. 비스듬히 자라고 아래쪽에서 가지가 많이 갈라진다. 뿌리잎은 방석처럼 퍼지고, 줄기잎은 넓은 주걱형이며 두껍다. 줄기와 잎에 부드러운 털이 많다. 꽃은 7~11월에 연보라색 꽃이 핀다. 국화과 식물로 가지 끝에 많은 꽃이 뭉쳐 머리 모양의 꽃차례를 이룬다. 해국의 꽃말은 '기다림'이다.

영양 반변천

5장
분홍빛의 풀꽃들

색이 인간의 심리에 영향을 미친다는 연구 결과가 있습니다. 분홍색은 정서를 안정시키는 색으로 알려져 있습니다. 분홍색은 빨간색과 흰색을 혼합한 색으로 빨간색보다 은은하고 부드러운 느낌을 줍니다. 분홍색에도 여러 색감이 있는데, 풀꽃에도 일반적인 분홍색 꽃 외에도 연한 분홍색의 꽃과 진한 분홍색의 꽃이 있습니다. 메꽃, 백리향, 달래 등은 연한 분홍빛을 띠고, 덩이괭이밥, 이질풀 등의 꽃은 진한 분홍빛을 보입니다.

여기서 소개하는 분홍빛 풀꽃은 메꽃, 분홍낮달맞이꽃, 백리향, 앵초, 끈끈이대나물, 덩이괭이밥, 연꽃, 이질풀, 쥐손이풀, 나비바늘꽃, 상사화입니다.

메꽃

우리나라에서 자생하는 덩굴 식물로 풀밭이나 빈터에서 줄기가 뻗어나가면서 자란다. 땅속의 줄기에서 덩굴성 줄기가 나와 다른 것에 감겨 올라간다. 꽃은 5~6월에 나팔 모양으로 잎겨드랑이에서 한 송이씩 달린다. 꽃 모양이 나팔꽃과 비슷하지만, 잎이 나팔꽃과 달리 로켓 모양이다. 위에서 마지막 사진은 메꽃의 한 종류인 '갯메꽃'이다. 햇볕이 잘 들어오는 해안가나 모래가 많은 곳에서 자라며, 잎이 둥근 심장 모양이다.

메꽃의 어린잎은 나물로 먹고, 녹말이 많이 들어 있는 땅속줄기는 삶아서 식용한다. 민간에서는 당뇨병, 고혈압, 피로 회복 등에 약으로 쓴다.

애기메꽃

분홍낮달맞이꽃

북미 원산의 귀화식물로 20~50cm 정도 자란다. 더위와 추위에 강해 5월 봄부터 초겨울까지 연속 꽃이 핀다. 꽃잎은 네 장이고, 꽃 중앙의 암술이 십자 모양을 하고 있다. 꽃 모양이 달맞이꽃과 비슷하고 꽃이 낮에 피어 '분홍낮달맞이꽃'이라고 부른다. 향이 은은해 '향달맞이꽃'이라고도 한다. 꽃말은 '무언의 사랑', '깊은 애정'이다.

백리향

나무와 풀의 중간에 있는 반관목 식물이다. 줄기는 목질(木質)이고, 가지 부분은 초질(草質)인 식물이다. 백리향, 야관문(비수리), 싸리 등이 이에 해당한다. 백리향은 높은 산꼭대기나 바닷가의 바위틈에서 3~12cm 정도로 자란다. 원줄기는 땅 위로 퍼져나가고 가지가 비스듬히 선다. 잎은 달걀 모양을 한 타원형이고, 두꺼운 가죽질 형태이다. 5~6월에 분홍색 꽃이 잎겨드랑이에 2~4개씩 달린다. 꽃의 향기가 백 리까지 간다고 백리향이다. 꽃이 예쁘고 향기가 좋아 관상용으로 많이 심는다. 향신료로 사용하며, 강한 향기가 오랫동안 지속하기 때문에 방부 작용, 향균 작용에도 효능이 있다. 백리향의 꽃말은 '향기', '용기'다.

앵초

산의 습지에서 15~40cm 자란다. 잎과 줄기에 털이 많고, 뿌리에서 모여 나는 잎은 넓고 주름져 있다. 꽃은 4~5월 봄에 분홍색으로 피고, 하트 모양의 꽃잎이 5개로 갈라진다. 5개의 하트가 하나의 꽃 모양을 이룬다. 꽃 색깔과 모양에서 변이가 쉬워 원예 품종이 많다. 꽃 모양이 앵두처럼 보여 앵초라고 부른다. '천국문을 여는 열쇠'라는 별명을 가지고 있다.

앵초

끈끈이대나물

유럽 원산으로 정원과 해변에서 50cm 정도까지 자란다. 줄기 윗부분 마디 끝에서 끈끈한 액이 나와 끈끈이대나물이라 한다. 잎은 피침형으로 끝이 뾰족하다. 6~9월경 산의 풀밭이나 들에서 분홍빛 또는 흰색 꽃이 피고, 곧게 선 가지 끝에 여러 송이가 뭉쳐 핀다. 꽃이 예뻐 관상용로 화단에 많이 심는다. 꽃말은 '젊은 사랑', '청춘의 사랑'이다.

덩이괭이밥

괭이밥의 한 종류이고 덩이뿌리로 번식한다고 하여 '덩이괭이밥'이라 한다. 아메리카 원산으로 길가나 밭둑에서 10~30cm로 자라고, 잎은 3개의 잎으로 되어 있다. 6~8월에 꽃이 피며, 꽃잎은 5갈래로 갈라지고, 중앙의 꽃밥이 노랗다. 꽃 색이 비슷한 '자주괭이밥'은 꽃밥의 색이 흰색이다. 괭이밥 종은 비 오는 날이나 밤이면 오므라드는 습성이 있다. 전체를 약재로 사용하며, 어린잎은 나물로 식용한다. 꽃말은 '빛나는 마음'이다.

연꽃

인도가 원산지인 꽃으로 여름에 뿌리줄기에서 길게 자란 잎자루 끝에서 연분홍빛이나 흰빛의 꽃이 자란다.[1] '연근'이라 하는 연뿌리는 반찬으로 만들어 먹거나 약으로 쓴다. 9~10월경에 꽃이 지고 나면 꽃 중앙에 여러 구멍이 있는 꽃받침이 드러나는데, 이 구멍 속에 있는 씨앗을 '연밥'이라 한다. 연밥은 연근과 마찬가지로 먹기도 하고 약으로도 쓴다. 연꽃의 꽃말에는 '순결', '깨끗한 마음', '당신은 아름답습니다' 등 여러 가지가 있다.

1) 연꽃은 흰색의 백련, 분홍색 계열의 홍련, 노란색의 황련, 보라색에 가까운 청련 등으로 다양하다. 한국에서 연꽃을 처음 재배한 것은 세조 9년(1463년) 때다. 명나라 사신으로 간 강희맹이 연꽃 씨앗을 들고 들어와 연 재배에 성공하였다. 지금의 시흥시 관곡지가 우리나라 최초의 연꽃 재배지로 알려져 있다.

영양 삼지수변공원에 핀 연꽃

이질풀

쥐손이풀과 식물로 줄기가 옆으로 비스듬히 또는 기어가면서 50cm 정도 자란다. 전체에 털이 있다. 잎은 손바닥 모양으로 3~5갈래로 갈라지고, 갈래조각은 굵은 톱니가 있다. 7~9월 여름에 흰색 또는 분홍색의 작은 꽃이 핀다. 꽃 모양이 비슷한 쥐손이풀보다는 꽃이 크다. 잎겨드랑에서 나온 꽃줄기 끝에 한 송이씩 달린다. 촛대 모양으로 돌출된 열매가 익으면 그 윗부분이 다섯 갈래로 갈라지면서 씨앗을 튕긴다.

이질이라는 질병에 약이 된다고 하여 이질풀이다. 한방에서 여러 가지 병에 특효가 있다고 하여 병에 관한 한 '근심 걱정을 다 잊어버린다'라는 꽃말이 있다. 병자를 치료하고 돕는다는 본보기가 될 만한 식물이라는 뜻으로 '귀감'이라는 꽃말도 있다.

쥐손이풀

쥐손이풀과의 대표격으로 산과 들에서 50~80cm로 자란다. 여러 갈래로 갈라진 잎의 모양이 쥐의 손과 닮았다고 하여 쥐손이풀이다. 같은 쥐손이풀과에 속하는 이질풀과 마찬가지로 전체에 털이 나 있고, 꽃자루 끝에 꽃잎이 5장인 꽃이 꽃자루 끝에 달린다. 이질풀이 선명한 분홍색인 것과는 달리 쥐손이풀은 연한 분홍색을 띠고, 꽃잎에 줄무늬가 나 있다. 꽃이나 잎의 크기에서 쥐손이풀이 이질풀보다 작다. 쥐손이풀의 꽃말은 '끊임없는 사랑'이다.

꽃이 쥐손이풀과 닮았고 잎이 삼 잎처럼 여러 갈래로 갈라진다고 하여 '삼쥐손이풀'이라 한다. 잎이 가늘게 갈라지고, 7~9월에 진한 분홍색 꽃이 핀다.

나비바늘꽃

북아메리카 원산으로 바늘꽃과 식물이다. 60~100cm 정도로 자란다. 꽃 모양이 나비와 비슷하고 수술이 바늘과 비슷해 나비바늘꽃이라 부른다. 한자로는 나비 '접(蝶)'을 사용하여 접초라고도 한다. 6월~10월에 분홍색 또는 흰색 꽃이 한 줄기에 여러 송이 줄지어 핀다. 분홍색 꽃을 홍접초라고 하고, 흰 꽃을 백접초라 한다. 흰색과 붉은색이 섞여 있는 혼합접초도 있다. 홍접초는 일명 '분홍나비바늘꽃'이라 하는데, 우리나라 토종 야생화인 '분홍바늘꽃'과 혼동하기도 한다. 외래종인 나비바늘꽃은 개화 기간이 길고 꽃이 화사하여 정원 관상용이나 거리 조경용으로 많이 심는다.

분홍바늘꽃[2]

2) 분홍바늘꽃 사진 출처 '국가생물종지식정보시스템(www.nature.go.kr)' 식물도감

상사화

수선화과 식물로 산이나 들에 60cm 정도의 높이로 꽃대가 자란다. 꽃대의 끝에서 4~8송이의 꽃이 뭉쳐 피는데, 완전히 핀 꽃은 옆을 향한다. 상사화는 꽃이 필 때 잎은 없고, 잎이 자랄 때는 꽃이 피지 않는 특성이 있다. 대부분의 식물은 잎과 줄기와 꽃이 같이 있는데, 상사화는 잎이 먼저 나서 완전히 말라 죽으면 그 후에 8~9월에 연분홍색 꽃이 핀다. 잎과 꽃이 함께 있지 못하고 잎은 꽃을 그리워하고, 꽃은 잎을 그리워한다고 해서 상사화라 한다. 꽃말은 '이루어질 수 없는 사랑'이다.

상사화

6장
보랏빛, 자줏빛 풀꽃들

풀꽃 중에서는 보랏빛 또는 자줏빛을 띠는 것이 더러 있습니다. 이 둘의 색은 엄연히 다른데, 식물의 색 구분에서는 보라색과 자주색이 명확히 구분되지 않기도 합니다. 자주달개비와 자주감자를 예로 들면, 이들 꽃은 자주색보다는 보라색에 가깝습니다. 자주색과 보라색이 비슷한 색감이어서 그런지 도감에서도 자주색과 보라색을 구별하지 않고 쓰기도 합니다.

꽃의 색에 대한 혼동을 줄이기 위해서 여기서는 보랏빛과 자줏빛 풀꽃들 함께 소개합니다. 자주달개비, 붓꽃, 타래붓꽃, 등심붓꽃, 꽃창포, 자주괴불주머니, 벌깨덩굴, 긴병꽃풀, 광대나물, 석잠풀, 배초향, 솔체꽃, 참골무꽃, 물봉선, 백선, 비비추, 자주감자, 엉겅퀴, 용담. 이들 꽃에서 보랏빛[1] 향기를 잠시 맡아 봅니다.

1) '자주색', '보라색'은 'ㅅ'을 적지 않는데, '자줏빛', '보랏빛'은 'ㅅ'을 적는다. 이것은 한글맞춤법 규정에 따른 것이다. 보통 합성명사에서 앞말이 모음으로 끝나고 뒷말이 예사소리(ㄱ, ㄷ, ㅂ, ㅅ, ㅈ)로 시작할 때 그 중간에서 'ㅅ'을 표기한다. '햇볕', '냇가', '장맛비', '횟집' 등에서 'ㅅ'을 표기하는 것은 이런 규정에 따른 것이다. 이때 중간에 표기하는 'ㅅ'을 '사이시옷'이라 하고, 국어 문법 현상으로 '사잇소리현상'이라 한다. 뜻을 지닌 단어가 어울려 합성명사를 이룰 때 그 사이에서 덧나는 소리가 사잇소리현상이다. 사잇소리현상이 나타나는 단어에서는 뒷말의 예사소리를 된소리(ㄲ, ㄸ, ㅃ, ㅆ, ㅉ)로 발음하고, 사이시옷은 발음을 하지 않거나 [ㄷ]으로 발음한다. 이 같은 표준발음법에 따라 '보랏빛'은 [보라삗] 또는 [보랃삗]으로 발음한다. '자줏빛'은 [자주삗] 또는 [자줃삗]으로 발음한다.

자주달개비

북아메리카 원산이며 화단에 관상용으로 많이 심는다. 줄기는 무더기로 나며, 잎은 어긋나고 넓은 선형이다. 50cm 정도 자란다. 5~9월 꽃줄기 끝에 자주색의 꽃이 핀다. 자주색의 꽃잎이 3개이며, 6개의 수술이 있다. 어떤 품종은 방사능 누출을 알아내는 지표 식물로 활용되고 있다. 방사능에 노출되면 돌연변이가 생기며 꽃잎과 수술이 분홍색으로 변한다고 한다. 꽃말은 '짧은 즐거움', '외로운 추억'이다.

붓꽃

산과 들의 풀밭에서 30~60cm 자란다. 줄기는 곧게 서며, 잎은 긴 창 모양이다. 꽃은 짙은 보랏빛으로 잎 사이에 나온 줄기 끝에 2~3송이씩 달린다. 5~6월에 개화한다. 밖으로 젖혀진 꽃잎과 안쪽의 좁은 꽃잎이 세 장씩이 있는데, 바깥 꽃잎 안쪽에는 노란색 무늬가 나 있다. 꽃봉오리가 붓 모양을 닮아 붓꽃이다. 붓꽃의 종에는 각시붓꽃, 금붓꽃, 노랑붓꽃, 노랑무늬붓꽃, 솔붓꽃, 타래붓꽃 등이 있다.

여러 색으로 피는 붓꽃(아래 두 사진)은 '독일붓꽃'이다. 유럽 원산의 많은 종이 교배되어 만들어졌고, 꽃 색의 종류도 다양하다. 붓꽃의 학명인 '아이리스(Iris)'는 붓꽃 전체를 일컫는 이름이며, 그리스어로 '무지개의 여신'이라는 뜻을 지니고 있다. 꽃말에는 '좋은 소식', '기쁜 소식', '신비로운 사람' 등이 있다.

타래붓꽃

붓꽃과 비슷하지만 잎이 실타래처럼 비틀려 꼬여 타래붓꽃이라 한다. 5~6월경 짧은 꽃대에 연한 보라색 꽃이 달린다. 타래붓꽃은 붓꽃 종류 중에서 유일하게 잎이 비틀려 자라고, 연보라색 꽃이 핀다. 너비가 좁은 기다란 잎은 길이가 40cm 정도이다.

등심붓꽃

북아메리카 원산의 귀화식물로 10~20cm 자란다. 잎은 선형이고 가장자리에 잔 톱니가 있다. 꽃은 푸른빛이 도는 자주색이나 흰색이고, 5~6월에 손톱만 한 작은 꽃이 핀다. 꽃 중앙의 노란 작은 꽃이 등잔불 같다고 해서 등심붓꽃이다. 꽃말은 '기쁜 소식'이다.

꽃창포

산과 들의 습지나 물가에서 60~120cm로 자라는 붓꽃과 식물이다. 잎은 창포를 닮았지만, 소시지 모양의 창포 꽃과 달리 예쁜 자주색 꽃이 핀다고 하여 꽃창포라 한다. 바깥 꽃잎 세 장 안쪽에 긴 삼각형 모양의 노란 무늬가 나 있다. 붓꽃에도 노란색 문양이 있으나 형태가 다르다. 개화 시기를 보면 붓꽃이 5~6월에 피는데, 꽃창포는 6~7월로 조금 늦다. 꽃창포에는 흰색 꽃이 피는 흰꽃창포, 노란색 꽃이 피는 노랑꽃창포가 있다.

흰꽃창포 • 노랑꽃창포

자주괴불주머니

현호색과 식물로 높이는 20~50cm 정도이고, 남쪽 지방의 따뜻한 곳이나 제주도에서 자란다. 잎은 작은 잎 3개로 이루어진 겹잎이고 가장자리에 톱니가 있다. 꽃은 좌우대칭 통꽃으로 4~6월경에 여러 개의 붉은빛을 띠는 자주색 꽃이 줄기 끝에 여러 송이 모여 달린다. 꽃 모양이나 피는 시기가 비슷해 현호색과 혼동하기도 하는데, 현호색은 자주괴불주머니에 비하면 작은 편이다. '괴불주머니'라는 꽃의 일종이고 꽃이 자주색이어서 자주괴불주머니라 한다. 꽃말은 '보물주머니'다.

벌깨덩굴

꿀풀과 식물로 산골의 숲이 우거진 곳이나 계곡이 인접한 축축한 곳에서 15~30cm로 자란다. 잎은 마주나며, 잔털이 많고 올록볼록하다. 5월 봄에 자수색 꽃이 핀다. 입술 모양의 꽃잎에 난 긴 털과 깨알같이 박힌 보랏빛 점이 독특하다. 줄기가 곧게 서지만, 꽃이 지면 줄기가 자라 덩굴처럼 뻗는다고 해서 벌깨덩굴이라 한다. 잎의 모양이나 꽃향기가 들깨와 비슷한 벌깨덩굴은 꽃이 필 때와 꽃이 질 때의 모습이 달라 야누스와 같은 식물이라 할 수 있다.

긴병꽃풀

산기슭이나 양지바른 풀밭에서 20cm 내외로 자란다. 꽃봉오리가 긴 병 모양같이 생겨 긴병꽃풀이라 한다. 꽃은 4~5월 봄에 보랏빛 꽃이 핀다. 꽃 모양, 꽃의 색, 꽃 피는 시기가 같은 꿀풀과 식물인 벌깨덩굴과 비슷한데, 긴병꽃풀은 꽃 모양이 팔, 다리의 형상을 갖추고 있는 작은 인형과 같이 생겼고, 잎이 원형에 가깝다는 점이 다르다. 긴병꽃풀은 동글동글한 잎이 동전을 연결해 놓은 것 같다고 해서 '연전초'라고도 한다. 꽃말은 '그리운 봄', '기다리는 봄'이다.

광대나물

풀밭이나 습한 길가에서 30cm 정도 자란다. 꽃은 붉은빛이 도는 자주색으로 4~5월 봄에 잎겨드랑이에 여러 송이가 돌려난다. 잎겨드랑이에서 나온 꽃이 마치 광대가 재주를 부리는 듯하고, 나물로 먹는다고 광대나물이다. 꽃의 모양이 코를 후볐을 때 코딱지처럼 콧물이 끈적하게 따라 나오는 모양이 비슷하다고 하여 '코딱지나물'이라고도 한다. 어린순은 나물로 먹으며, 민간에서는 식물체 전체를 피를 멎게 하는 지혈제로 사용하기도 한다. 꽃말은 '봄맞이', '그리운 봄'이다.

석잠풀

꿀풀과의 우리나라 자생 식물로 주로 습지에서 30~60cm로 자란다. 잎은 피침형이고 가장자리에 잔 톱니가 있고, 마주난다. 6~9월에 연한 자주색의 꽃이 줄기 마디에 층층이 돌려난다. 꽃은 위아래로 벌어져 있는 입술 모양이다. 윗입술 꽃잎은 원형이고, 아랫입술 꽃잎은 3갈래로 갈라지고 짙은 반점이 있다.

한방에서는 두통, 인후통, 기관지염 등의 치료에 약재로 이용한다. 석잠풀은 뇌 기능을 활성화하여 치매를 예방하고, 호흡을 조절해주며, 지혈과 종기를 가시게 하는 데 효능이 있다. 석잠(石蠶)은 '물여우'라는 곤충 애벌레를 한방에서 이르는 말로, 석잠풀은 희고 긴 땅속줄기의 덩이뿌리가 물여우의 몸통을 닮아 붙인 이름이다. 15세기 문헌에는 '물방아'라는 한글 명칭이 별도로 기록되어 있다. 예전에 '물방아'로 불린 석잠풀은 꽃말이 '설원의 여인'이다.

배초향

한국 원산이며, 흔히 '방아'라고 불리는 꿀풀과 식물이다. 산과 들의 양지바른 곳에서 40~150cm로 자란다. 배초향 잎을 말려 약재로 쓰는데, 이것을 '곽향'이라 한다. 7~10월에 가지와 줄기 끝에 자주색 꽃이 고리 모양으로 달린다. 원통처럼 생긴 꽃이삭에 입술 모양의 작은 보라색 꽃들이 여러 방향으로 달려 핀다. 식물체에서 향기가 강하게 나 기름을 뽑아 쓰거나 생선 비린내를 없애는 데 쓰인다. 비슷한 생김새를 하고 있는 향유나 꽃향유는 한 방향만 보고 피며 한쪽 면이 평평한 데 반해, 배초향은 쭉 둘러 여러 방향으로 꽃이 핀다. 배초향은 향이 좋아 머리를 맑게 해주며, 비린내를 제거하는 향신료로 각광 받고 있다. 꽃말은 '향수'이다.

꽃향유

참골무꽃

꿀풀과 여러해살이풀로 햇볕이 잘 드는 모래땅이나 해안가의 척박한 곳에서 40cm 정도로 자란다. 꽃 모양이 바느질할 때 손가락에 끼워 사용하는 골무와 닮아 골무꽃이라 한다. 참골무꽃은 '진짜 골무꽃'이라는 뜻으로 '참'이 붙는다. 기본종인 골무꽃은 산이나 들에서 자라고, 4~6월에 자주색 꽃이 핀다. 참골무꽃은 꽃이 7~8월에 자줏빛으로 피고, 줄기 윗부분의 잎겨드랑이에서 한쪽 방향을 향해 한 개씩 달린다.

바닷가에서 자라는 식물이지만, 원예종으로 키우기 쉬워 관상용으로 심는다. 꽃 이름에 '골무'가 들어가는 풀꽃에는 산골무꽃, 애기골무꽃, 광릉골무꽃, 흰골무꽃, 구슬골무꽃, 그늘골무꽃, 좀골무꽃, 비바리골무꽃, 떡잎골무꽃, 다발골무꽃 등이 있다. 이들 골무꽃 종은 꽃이 입술 모양인 것이 특징이다.

솔체꽃

산토끼과 식물로 산과 들에서 50~90cm로 자란다. 전체에 털이 많다. 줄기는 곧게 서고, 줄기가 길어 비스듬하게 눕는 경우가 있다. 잎은 마주나고 깃꼴로 갈라진다. 7~10월에 보라색 꽃이 핀다. 줄기와 가지 끝에 한 송이씩 피며, 납작한 꽃이 하늘을 향한다. 꽃봉오리 모양이 구멍이 뚫린 체를 닮아 솔체꽃이라 한다.

전설에 따르면, 병에 걸린 양치기 소년을 구한 요정이 소년을 사랑하게 되지만, 소년이 다른 여자와 결혼하여 사랑을 이루지 못하고 죽어서 솔체꽃으로 환생했다고 한다. 꽃말은 '이루어질 수 없는 사랑'이다.

물봉선

봉황새를 닮았다는 의미의 봉선화와 물을 좋아하는 특성을 따서 물봉선이라 부른다. '물봉선화' 혹은 '물봉숭아'라고도 한다. 산골짜기의 물가나 습지에서 무리 지어 살아간다. 높이는 40~80cm 정도이다. 줄기는 곧게 자라고 가지가 많이 갈라진다. 잎은 서로 어긋나며 끝이 뾰족하고 가장자리에는 톱니가 나 있다. 8~10월에 붉은빛이 강한 자주색 꽃이 핀다. 꽃은 나팔 모양이며 끝이 달팽이관처럼 나선형으로 말려져 있다. 노란색 꽃이 피는 '노란물봉선', 흰색 꽃이 피는 '흰물봉선'이 있으며, 한국 고유종으로 남해안 일대에서 자생하는 '거제물봉선'이 있다.

10월에 열매가 완전히 익게 되면 씨앗이 들어있던 주머니가 터지면서 씨앗이 사방으로 흩어진다. 잘 익은 열매를 만지면 순식간에 터지면서 씨가 튀어나간다. 꽃말은 '나를 건드리지 마세요'다.

백선

전국의 산지에서 50~90cm로 자라며, 약초로 알려져 있다. 뿌리가 희고 하얀 뿌리에서 나는 향기가 생선 냄새와 비슷하다고 해서 백선(白鮮)이다. 뿌리가 봉황새를 닮았다고 해서 '봉황삼', '봉삼'이라고도 한다. 꽃은 5~6월경에 피고, 전체적으로 연한 자줏빛을 띤다. 줄기 끝에 10여 송이가 모여 달린다.

백선은 호랑나비 애벌레들의 먹이식물이다. 잎 가장자리에 기름샘이 있어 건드리면 독특한 냄새가 나 일반적인 벌레들은 잘 접근하지 않는데, 유일하게 산호랑나비 애벌레들이 백선의 잎을 먹기도 한다. 꽃말은 '방어', '치유'다.

비비추

비비추는 우리나라에서 나는 백합과 식물로 남부 지방의 산지에서 30~50cm 정도로 자란다. 비비추라는 꽃 이름은 순수 우리말이다. 모양이 꼬이거나 뒤틀려있는 나물의 의미로 '비비취'라고 한 것이 비비추로 바뀌었다고 한다. 7~8월 여름에 연한 보라색 꽃이 핀다. 긴 꽃대에 여러 개의 꽃이 어긋나게 붙어서 밑에서부터 피기 시작한다. 어린순은 잘 비빈 후 물에 이틀 정도 담가 두었다가 나물로 먹는다. 비비추는 본래 산지에서 자생하는 야생화인데, 관상용으로 심기도 한다. 국내 유통되고 있는 비비추 종은 대부분 외국으로부터 도입된 원예품종이다. 국내 자생종에는 일월비비추를 비롯해 15종이 우리나라에 자생하는 것으로 알려져 있다. 꽃말에는 '좋은 소식', '신비로운 사람', '하늘이 내린 인연' 등이 있다.

영양 일월산에 핀 일월비비추

자주감자

자주감자가 등장하는 동시가 있다. "자주꽃 핀 건 자주감자/파보나 마나 자주감자/하얀꽃 핀 건 하얀감자/파보나 마나 하얀감자" 이동문학가 권태응 선생이 일제강점기에 발표한 '감자꽃'이라는 동시다.

감자는 잎겨드랑이에서 긴 꽃대가 나와 흰색 또는 자주색 꽃이 달린다. 꽃은 별 모양으로 5갈래로 갈라진다. 배풍등, 까마중 등의 가지과 식물처럼 감자꽃은 꽃술이 길에 나와 있는 모습이 배드민턴 셔틀콕을 닮았다. 시의 내용처럼 자주색 꽃이 피는 것이 자주감자다. 우리는 감자를 흔히 뿌리로 알지만, 땅속줄기가 굵어진 것이다.

엉겅퀴

국화과 식물로 깨끗한 산간이나 농촌 지역에서 잘 자란다. 높이는 100cm 정도이고, 전체에 털이 나 있다. 줄기의 잎은 깃꼴로 깊게 갈라지고, 가장자리에 깊게 패어 들어간 톱니와 더불어 날카로운 가시가 있다. 6~8월에 가지 끝에 자주색 꽃이 위를 향해 핀다. 한 송이처럼 보이지만, 꽃 안에는 수백 개의 통 모양으로 된 작은 꽃이 촘촘하게 박혀 있다. 엉겅퀴는 바람에 씨를 날려 번식하는 풍매화로, 열매가 익으면 열매에 달린 털이 바람에 의해 번식한다.

큼직한 가시가 엉성스럽게 나 있다고 하여 혹은 피를 엉키게 하여 출혈을 멈추게 한다고 하여 엉겅퀴라 한다. 가시가 있으나 어린순을 나물로 먹어 '가시나물'이라고도 한다. 엉겅퀴는 전체를 말려서 약으로 쓴다. 약초로서 지혈 효과 외에 간 질환, 산후부종 치료, 황달 치료에 뛰어난 효과가 있다. 민간에서는 뿌리로 술을 담가 신경통, 요통, 타박상의 치료제로 쓰기도 한다.

자생하는 엉겅퀴 종에는 큰엉겅퀴, 물엉겅퀴, 가시엉겅퀴, 바늘엉겅퀴, 고려엉겅퀴, 버들잎엉겅퀴 등으로 다양하다. 우리가 흔히 곤드레나물로 먹는 것이 고려엉겅퀴다. 이 엉겅퀴는 잎이 긴 타원형이며, 가장자리에 톱니가 없고 가시 같은 털이 많다.

영양 두들마을에 핀 고려 엉겅퀴

용담

산에서 20~60cm 높이로 자란다. 8~10월에 자줏빛의 꽃이 피는데, 꽃은 긴 종 모양이고, 줄기 끝에 2~3송이씩 모여 달린다. 꽃잎은 5개로 갈라진다. 꽃이 많이 피면 줄기가 옆으로 휜다. 뿌리에서 쓴맛이 강해 용의 쓸개라는 뜻으로 '용담(龍膽)'이라 부른다. 용담은 서식처 환경 조건에 따라 형태적 변이가 심하다. 꽃말은 '애수', '당신이 슬플 때 나는 사랑한다'이다.

씨를 뿌려 키운 용담 종(11월 4일)

가을에 여러 색으로 피어나는 국화 종

7장
여러 색으로 피어나는 꽃

꽃은 대개 하나의 색으로 피는데, 여러 색으로 피는 풀꽃도 있습니다. 제비꽃, 국화, 코스모스, 나팔꽃, 채송화, 백일홍 등이 그러합니다. 꽃은 개화 시기에 맞춰 세포 안에 색소가 고여 꽃에 특유한 색깔이 만들어진다고 합니다. 세포 안의 화학 반응에 만들어지는 색소가 어떻게 섞이며, 햇빛 중 어떤 색을 흡수하고 반사하느냐에 따라 빨강, 주황, 분홍, 노랑, 보라 등의 다양한 꽃 색깔이 나타납니다. 햇빛의 온도, 강도, 습도 등이 변하면 꽃의 색이 변하기도 합니다.

이 장에서 소개하는 봉선화, 작약, 수련, 접시꽃, 백일홍, 패랭이꽃, 지면패랭이꽃, 백합, 분꽃, 채송화는 한 가지가 아닌 여러 색으로 꽃이 핍니다. 이들 풀꽃은 가면무도회에 나온 한 사람의 무희가 여러 모습으로 변하는 듯합니다.

봉선화

아시아 원산으로 줄기는 곧게 서며 60cm 정도 자란다. 잎은 폭이 좁은 타원형으로 가장자리에 톱니가 나 있다. 활짝 핀 꽃이 상상의 새인 봉황을 닮아 봉선화라 한다. '봉숭아'라고도 한다. 여름에 분홍색, 붉은색, 흰색 등의 꽃이 핀다.

봉선화 꽃잎을 이용해 손톱을 물들이기도 한다. 봉선화 꽃잎에 잎사귀를 섞고 백반이나 소금을 약간 넣어 빻아서 이것을 손톱에 얹고 헝겊으로 싸매고 하루 동안 있으면 손톱이 봉선화의 색깔로 아름답게 물든다. 열매는 익으면 저절로 벌어져서 흑갈색의 작은 씨가 튀어나온다. '봉선화 연정'이라는 유행 기사처럼 잘 익은 열매는 건드리기만 해도 톡 터진다. 꽃말은 '나를 건드리지 마세요'다.

작약

중국 원산의 귀화식물로 1m 내외로 자란다. 곧게 선 줄기에 끝이 뾰족한 잎이 달린다. 꽃은 줄기 끝에 한 개씩 피며 노란 수술이 많다. 작약은 꽃이 함지박처럼 크고 예뻐 함박꽃으로 불린다. 작약은 흰색, 분홍색, 짙은 붉은 색, 보라색 등의 다양한 색을 띤다. 꽃을 보기 위해 관상용으로 심어 가꾸거나 뿌리를 약으로 쓰기 위해 재배한다. 작약은 혈액 순환을 촉진하고 진통제, 해열제, 이뇨제 등의 약으로 이용한다. 꽃 외양이 작약과 유사한 모란이 있다. 이 둘은 모두 5월에 꽃이 피는데, 모란은 나무이고 작약은 풀이라는 점이 다르다. 작약의 꽃말은 '수줍음'이다.

수련

이집트 원산의 수생식물로 뿌리는 물속에 있고 잎과 꽃은 물 위에 나와 있다. 얕은 진흙에서 뿌리줄기를 내리고 잎자루와 꽃자루는 물 위를 향해 자란다. 밤에 잠을 자는 연꽃이라 하여 '수련(睡蓮)'이다. 밤이 되면 꽃을 봉오리 모양으로 오므라졌다가 낮이 되면 다시 꽃잎이 활짝 핀다

꽃은 6~7월에 흰색, 노란색, 분홍색, 보라색, 자주색 등으로 핀다. 연꽃의 경우 잎과 꽃이 물 위로 올라와 있고, 수련은 잎과 꽃이 물에 떠 자란다. 잎의 모양에서도 이 둘은 차이가 있다. 수련 잎은 한 부분이 갈라져 있는데, 연꽃은 갈라짐이 없는 완전한 원형이다. 수련의 꽃말은 '결백', '신비'다.

영양 하담 고택에 핀 수련

접시꽃

아시아 원산으로 2m 정도 자란다. 꽃이 둥글고 넓은 접시 모양이어서 접시꽃이다. 신라 문인인 최치원이 쓴 '촉규화'라는 제목의 한시가 있는데, 촉규화는 접시꽃의 한자 이름이다. 꽃은 여름에서 가을까지 피고, 색깔은 붉은색, 분홍색, 흰색, 노란색, 자주색 등으로 다양하다. 심장 모양인 잎은 솜털이 나 있으며, 여러 갈래로 갈라진다. 접시꽃은 주로 울타리나 담을 따라서 많이 심으며, 식물체 전체(꽃, 잎, 줄기, 뿌리)를 약재로 사용한다. 꽃말은 '풍요', '평화'이다.

접시꽃

백일홍

멕시코가 원산인 국화과 식물로 관상용으로 재배한다. 높이는 60~90cm이다. 잎은 잎자루 없이 마주난다. 백일 동안 꽃이 핀다고 하여 백일홍이며, 6~10월에 걸쳐 계속 쏫이 핀다. 꽃은 흰색, 노란색, 빨간색, 분홍색 등으로 여러 가지며, 꽃 가운데 관 모양의 노란색 꽃이 달려 있다. 흔히 배롱나무도 백일홍이라고 하는데, 이것은 전혀 다른 식물이다. 여러 색으로 피는 백일홍은 개량된 원예종이며, 우리나라에 1800년 이전에 도입된 것으로 보인다. 꽃말에는 '행복', '기다림', '순결' 등이 있다.

영양 두들마을에 핀 백일홍

패랭이꽃

'석죽화'라고도 하는 패랭이꽃은 꽃을 뒤집으면 패랭이(대를 쪼개 엮어 만든 갓) 모양이라는 데서 이름이 유래한다. 들에서 30cm 정도로 자라고, 잎은 끝이 뾰족한 피침형이다. 6~10월 산의 풀밭이나 들에서 진홍빛의 꽃이 피고, 가지 끝에서 한 송이씩 달린다. 꽃 색은 흰색, 연한 분홍색, 진한 분홍색 등으로 다양한데, 보통은 두 개 이상의 색이 혼합되어 있다. 꽃 안쪽으로 문양이 있으며, 5장의 꽃잎 끝이 톱니 형태로 갈라져 있는 것이 특징이다. 꽃말은 '순결한 사랑'이다.

패랭이꽃에는 낱낱의 꽃잎이 가늘고 깊게 갈라지는 술패랭이꽃, 분홍색이나 흰색 바탕에 진한 무늬가 있는 수염패랭이꽃, 잔디처럼 땅을 뒤덮는 지면패랭이꽃, 꽃잎이 전체적으로 분홍빛을 띠는 사철패랭이, 바닷가에서 자라는 갯패랭이꽃 등이 있다.

술패랭이꽃

갯패랭이꽃

지면패랭이꽃

미국 동부 원산의 귀화식물이다. 꽃이 패랭이꽃과 비슷하고 잔디처럼 지면으로 낮게 퍼지기 때문에 지면패랭이꽃 또는 꽃잔디라고 한다. 10cm 정도의 높이로 자라고 많은 가지가 갈라져 땅을 덮는다. 꽃은 4~9월에 진분홍, 연분홍, 흰색 등 다양한 색으로 핀다. 줄기 윗부분에 갈라진 가지에 꽃이 한 개씩 달린다. 꽃이 예쁘고 건조한 땅에서도 잘 자라 관상용으로 정원이나 화단에 많이 심는다. 꽃말은 '희생'이다.

백합

'백합'이라는 용어는 특정 식물 하나를 이르는 것이 아니라 백합속 전체를 통칭한다. 원산지는 중국, 일본, 대만 등의 아시아로 1m 내외로 자라고, 5월부터 8월 여름까지 꽃이 핀다. 백합의 백은 흰 백(白)이 아니라 일백 백(百)이다. 백합은 구근 식물(알뿌리식물)로 뿌리가 파, 마늘, 양파처럼 약 백여 개의 비늘줄기로 되어 있다. 이 때문에 백합이라 부른다. 우리가 정원이나 화단에서 흔히 보는 백합 대부분은 교배한 원예종이다. 백합은 꽃 색이 흰색, 붉은색, 주황색, 노란색, 분홍색 등으로 다양하다. 이들은 장미와 마찬가지로 색깔별로 꽃말이 다르다. 흰색은 '순결한 사랑', 주황색은 '명랑한 사랑', 빨간색은 '열정적인 사랑'을 뜻한다.

백합은 순우리말로 '나리'라 한다. 한국에는 참나리, 중나리, 털중나리, 땅나리, 솔나리, 큰솔나리, 말나리, 하늘나리, 하늘말나리, 날개하늘나리, 섬말나리 등 10여 종의 자생 나리가 있다.

주황색 꽃이 핀 백합

분꽃

원산지가 남아메리카이고, 우리나라에서는 관상용으로 많이 기른다. 높이는 60~100cm이다. 열매를 빻으면 하얀 분가루가 나와 분꽃이라 부른다. 화장품이 없던 옛날에는 열매 속의 종자를 가루 내어 얼굴에 바르는 분으로 이용했다. 여름부터 10월 가을까지 흰색, 노란색, 붉은색의 꽃이 피며, 여러 색이 섞인 꽃이 피기도 한다. 저녁부터 이튿날 아침까지 꽃이 피고, 꽃에서 진한 향기가 난다. 꽃말에는 '수줍음', '소심', '겁쟁이' 등이 있다.

채송화

채송화는 남아메리카 원산이며, 관상용으로 마당의 빈터나 담벼락 아래 주로 심는다. 20cm 내외로 자라며 7~10월에 꽃이 핀다. 솔잎처럼 가느다란 가지 끝에서 붉은색, 분홍색, 노란색, 흰색 꽃이 핀다. 몸 전체가 다육질인데, 잎은 선 모양이고 통통하다. 채송화 꽃말은 '천진난만', '순진'이다.

채송화

송찬호

이 책은 소인국 이야기이다

이 책을 읽을 땐 쪼그려 앉아야 한다

책 속 소인국으로 건너가는 배는 오로지 버려진
구두 한 짝

깨진 조각 거울이 그곳의 가장 큰 호수

고양이는 고양이 수염으로 알록달록 포도씨만 한
주석을 달고

비둘기는 비둘기 똥으로 헌사를 남겼다

물뿌리개 하나로 뜨락과 울타리

모두 적실 수 있는 작은 영토

나의 책에 채송화가 피어 있다

영양의 밤하늘

8장
별 모양의 꽃들

밤이면 별이 어두운 밤하늘을 밝힙니다. 지상에도 별이 있다고 합니다. 꽃은 낮이든 밤이든 아름다운 모습으로 세상을 환하게 합니다. 꽃은 지상의 별입니다.

여기서 소개하는 별꽃, 개별꽃, 큰개별꽃, 쇠별꽃, 정향풀, 반디지치, 도라지, 돌나물, 기린초, 털별꽃아재비는 꽃 이름에 별이 들어가거나 별 모양(☆)을 한 꽃입니다. 별처럼 빛나는 풀꽃을 지그시 바라봅니다.

별꽃

전국의 밭이나 길가에서 10~20cm 정도 자란나. 세계적으로 분포역이 넓은 식물 중 하나다. 줄기 위쪽에 털이 나 있고, 달걀 모양의 잎이 마주난다. 꽃은 흰색으로 아주 작다.[1] 5~6월에 줄기 끝에 난 꽃줄기에 여러 송이가 모여 달린다. 꽃잎이 5장인데, 깊게 갈라져 10장으로 보인다. 꽃이 별처럼 생겼다고 해서 '별꽃'이다. 10개의 수술이 있고, 3개의 암술대가 있다. 꽃말은 '추억'이다.

1) 사진 속 별꽃은 크게 확대하여 찍은 것이다.

개별꽃

개별꽃이다. 숲속에서 10~15cm 자라며, 줄기와 꽃자루에 털이 나 있다. 개나리, 개연꽃, 개쑥부쟁이 등과 같이 꽃에 '-개'가 붙으면 본래의 꽃보다 작거나 못하다는 의미를 담고 있는데, 실상은 그렇지 않다. 꽃잎과 꽃받침이 다섯 장이며, 꽃잎 끝부분이 파여 있다. 수술은 10개이고 암술대는 3갈래로 갈라진다. 4, 5월 봄에 흰 꽃이 피는데, 잎겨드랑이에서 꽃줄기가 나와 1송이씩 달린다. 개별꽃의 꽃말은 '귀여움'이다.

개별꽃의 한 종류인 '덩굴개별꽃'이다. 개별꽃과는 꽃잎 모양이 다르다. 개별꽃은 꽃잎이 V자 형태로 끝이 파여 있는데, 덩굴개별꽃은 파임이 없다. 잎은 넓은 타원형 또는 주걱형이다.

큰개별꽃

개별꽃의 또 다른 종류인 큰개별꽃이다. 꽃이 별 모양이고 다른 개별꽃에 비해 잎이 크기 때문에 큰개별꽃이라 한다. 줄기는 곧게 서며, 높이는 10~20cm 정도다. 4~5월에 줄기 끝에 한 개씩 꽃이 달린다. 덩굴개별꽃처럼 꽃잎의 끝이 둥근데, 줄기의 색이나 꽃잎 수에서 차이가 있다. 덩굴개별꽃은 줄기가 녹색인데, 큰개별꽃은 줄기가 적갈색이다. 또 꽃잎 개수에서 큰개별꽃이 더 많다. 덩굴개별꽃은 꽃잎이 5~6장이라면 큰개별꽃은 5~8장으로 좀 많은 편이다. 개별꽃과 달리 꽃자루에 털이 없는 것이 또한 특징이다.

큰개별꽃과 비슷한 보현개별꽃이 있다. 보현개별꽃은 덩굴개별꽃과 큰개별꽃 간의 이종 교배로, 영천 보현산에서 처음 발견되었다고 해서 보현개별꽃이라 한다. 큰개별꽃과 마찬가지로 줄기가 적갈색이고 꽃의 수술도 붉다.

쇠별꽃

밭이나 들의 다소 습기가 있는 곳에서 20~50cm 자란다. 잎은 마주나고 긴 달걀 모양이다. 밑부분이 옆으로 기면서 자라고, 윗부분은 어느 정도 곧게 자란다. 5~6월 잎겨드랑이에서 흰색의 꽃이 한 송이 달리는데, 개화 기간이 길어 10월까지 핀다. 꽃잎이 본래 5장인데, 2개씩 깊게 갈라져 별꽃처럼 10장처럼 보인다. 별꽃은 암술이 3개인데, 쇠별꽃은 5개이다. 쇠별꽃의 꽃말은 '추억', '밀회'다.

쇠별꽃 확대 장면

정향풀

들의 풀밭이나 해안의 모래땅에서 40~80cm 정도 자란다. 줄기가 곧게 서고 위쪽에서 가지가 갈라진다. 꽃이 피었을 때 옆에서 보면 '정(丁)'자 비슷하게 보여 정향풀이라 한다. 잎은 끝이 뾰족한 피침형이고, 잎이나 줄기를 자르면 하얀 액이 나온다. 5~6월에 줄기와 가지 끝에 연한 하늘색의 꽃이 핀다.

정향풀은 우리나라 특정 지역에 분포하며, 애기송이풀, 연잎꿩의다리, 노랑붓꽃, 가시연꽃, 나도승마, 진노랑상상화, 제비동자꽃, 갯봄맞이 등과 함께 멸종위기 야생식물 II급으로 지정되어 있다.[2)]

2) 환경부에서 지정, 보호하는 '멸종위기 야생식물(Ⅰ, Ⅱ급)'에 대해서는 국립생태원에서 운영하는 멸종위기종복원센터 홈페이지(www. nie.kr)에서 확인할 수 있다. 16장 '꽃이랑 놀기'의 '저를 구해주세요' 372~376쪽 참조 바람.

반디지치

햇볕이 잘 드는 곳이나 건조한 풀밭에서 15~25cm 자란다. 전체에 억센 털이 나와 있고, 잎은 긴 타원형으로 끝이 뾰족하다. 꽃은 파란색이며 5~6월에 줄기 윗부분의 잎겨드랑이에서 핀다. 꽃 중앙의 흰 문양이 별 모양이다. 다섯 갈래로 갈라진 푸른 꽃잎 가운데 흰 무늬가 있는 것이 빛을 내는 반딧불이의 모습과 닮아 반디지치라 한다. 꽃은 반디, 뿌리는 지치과 식물의 색과 같은 데서 이름이 유래하였다. 꽃말은 '희생'이다.

도라지

산과 들에서 절로 자라며, 뿌리를 나물이나 약으로 먹어 밭에서 재배하기도 한다. 7~8월에 공 모양처럼 부푼 꽃봉오리가 터지면서 보라색이나 흰색 꽃이 핀다. 꽃이 피기 전 부푼 꽃봉오리에 공기가 들어 있다. 도라지의 어린싹이나 잎은 데쳐서 나물로 먹는다. 뿌리는 인삼의 주요 성분 중 하나인 사포닌을 함유하고 있어 약재로 쓰기도 한다.

오래 헤어져 있던 오빠가 돌아와 뒤에서 부르는 소리에 소녀가 돌아보다가 죽었다는 애틋한 전설이 있다. 꽃말은 '변치 않는 사랑', '유순함'이다.

돌나물

산의 돌과 바위가 많은 지대에서 자라고 나물로 먹는다고 하여 돌나물이라 한다. 줄기가 옆으로 기면서 자란다. 잎은 보통 3개씩 돌려나고 긴 타원형이다. 5~6월에 줄기가 곧게 자라 그 끝에 노란색의 꽃송이가 모여 달린다. 봄에서 여름에 걸쳐 어린잎과 줄기를 나물로 무쳐 먹는다. 꽃말은 '근면'이다.

기린초

돌나물과 식물로 산의 풀밭이나 길가, 바위틈에서 30cm 정도 자란다. 잎은 긴 타원형의 주걱 모양이고 가장자리에 톱니가 있다. 5~7월경에 한 줄기 끝에 노란 꽃이 뭉쳐서 핀다. 꽃은 끝이 뾰족한 별 모양이다.

기린초는 기린을 닮았다고 하여 붙여진 이름인데, 여기서 기린은 목이 긴 기린이 아니라 중국 전설에 나오는 상상 속의 동물이다. 사슴 같은 몸에 소의 꼬리를 달고, 발굽과 갈기는 말과 같고, 빛깔은 오색이라 한다. 기린초의 잎 모양이 상상 속 기린의 뿔과 같이 생겼다고 하여 기린초라 한다. 꽃말은 '소녀의 사랑', '기다림'이다.

털별꽃아재비

열대 아메리카 원산의 국화과 식물로 전국 일대 길가나 빈터에서 10~50cm 자란다. 전체에 거친 털이 촘촘히 나 있다. 습한 무더위에도 잘 견디고 촉촉한 환경이라면 쓰레기더미가 있는 지저분한 곳이라도 잘 자라 일명 '털쓰레기꽃'이라고도 한다. 달걀 모양의 잎이 마주나며, 잎의 가장자리에는 톱니가 나 있다. 꽃은 6~10월에 핀다. 꽃 중앙에는 노란색의 관 모양의 작은 꽃이 빽빽하게 박히고, 그 주변으로 흰색의 혀꽃(설상화)이 5개 나 있다. 데쳐서 나물로 먹으며, 사료로 이용하기도 한다. 꽃말은 '순진함'이다.

9장

종 모양의 풀꽃들

여기서 소개하는 초롱꽃, 은방울꽃, 둥굴레, 금낭화, 모시대, 잔대 등은 꽃이 종 모양을 하고 있습니다. 이들 풀꽃은 하늘을 향하는 꽃과는 달리 아래를 향해 여러 송이가 피어납니다.

꽃이 종 모양을 한 풀꽃은 꽃말이 의미가 있습니다. 꽃말이 감사(초롱꽃), 틀림없이 행복해진다(은방울꽃), 고귀한 봉사(둥굴레), 당신을 따르겠습니다(금낭화), 영원한 사랑(모시대), 온화한 사랑(잔대) 등으로, 그 의미가 주로 사랑이나 행복을 나타냅니다. 종 모양의 사랑스러운 풀꽃이 우리에게 행복감을 줍니다.

초롱꽃

꽃 모양이 옛날 밤길을 밝히기 위해 들고 다니던 초롱불을 닮았다고 붙인 이름이다. 햇볕이 잘 드는 들이나 낮은 산에서 40~100cm로 자란다. 전체에 털이 나 있다. 5월~8월경 흰빛이나 연한 붉은 빛 안쪽에 자줏빛 얼룩이 있는 꽃이 아래를 향해 핀다. 초롱꽃의 학명은 '캄파눌라(Campanula)'인데, 라틴어로 '점이 많은 작은 종'이라는 뜻을 지니고 있다. 꽃말은 '감사', '성실', '충실'이다.

은방울꽃

주로 서늘한 산지에서 무리 지어 나며 25~35cm 자란다. 긴 타원형의 두세 장의 잎이 서로 싸 안으면서 줄기처럼 된다. 5~6월에 종 모양의 작은 흰 꽃들이 꽃줄기를 따라 10송이 정도가 아래를 향해 핀다. 꽃향기가 은은해 고급 향수를 만드는 재료로 쓰기도 한다. 꽃말은 '틀림없이 행복해진다'이다.

둥굴레

산과 들의 양지바른 곳에서 30~70cm 자란다. 잎은 타원형이고 잎 주변에 열은 무늬가 있다. 잎이 한쪽으로 치우쳐서 퍼지고 잎자루가 없다. 5~7월경 잎겨드랑이에서 희고 긴 종 모양의 꽃이 아래로 달린다. 뿌리는 우려서 차로 마시고, 어린순은 나물로 먹는다. 둥굴레라는 이름은 동그란 꽃에서 따왔거나 까맣게 익은 동그란 열매를 보고 붙인 것이다. 꽃말은 '고귀한 희생', '고귀한 봉사'다.

왕둥굴레

무늬둥글레

층층갈고리둥글레

금낭화

산지의 밭이나 계곡에서 60cm 정도 자란다. 4~6월 줄기 끝에 납작한 주머니 모양의 꽃들이 주렁주렁 매달린다. 꽃이 만든 주머니를 닮았다고 해서 금낭화(錦囊花)라 한다. 꽃이 예쁜 주머니처럼 생기고 노란 씨가 들어 있어 '금주머니 꽃'이라는 의미로 금낭화(金囊花)라고 부르기도 한다. 꽃 모양이 예뻐 관상용으로 뜰이나 화분에 심어 가꾸기도 한다. 꽃은 분홍색을 띠나, 흰 꽃이 피는 백금낭화도 있다. 금낭화는 '당신을 따르겠습니다'라는 꽃말을 지니고 있다.

모시대

초롱과 여러해살이풀로 숲속이나 산간 습지에서 군락을 이루며 자생한다. 높이는 100cm 내외다. 잎은 달걀 모양과 같은 타원형이며, 가장자리에는 톱니가 나 있다. 꽃은 6~9월에 연보라색이나 밝은 자주색으로 또는 흰색으로 핀다. 원줄기 끝에 총총 달리는 꽃들이 밑을 향해 핀다. 꽃이 종 모양이며, 끝이 5갈래로 갈라진다. 모시대와 유사한 '도라지모시대'는 금강산이나 설악산과 같이 해발고도가 높은 산지대에 분포한다. 모시대의 어린순은 나물로 먹고, 뿌리는 약용으로 쓴다. 꽃말은 '영원한 사랑', '진솔한 마음'이다.

영양 일월산에 핀 흰모시대

잔대

출처 commons.wikimedia.org, www.gb.go.kr

산과 들 어디서든 잘 자라는 초롱꽃과 여러해살이풀로 높이는 100cm 내외다. 잎은 긴 타원형 또는 달걀 모양이고, 가장자리에 톱니가 나 있다. 모시대와 같이 잎이 어긋나는 것도 있지만, 3~5개 잎이 돌려나기도 한다. 7~9월 무렵 원줄기 끝에 종 모양의 보라색을 띠는 꽃이 아래로 향하면서 층층이 돌려난다.

우리나라에는 약 17종 자생하는 것으로 알려져 있는데, 잔대는 서식하는 환경에 따라 잎의 모양이나 크기, 잎차례, 꽃 색깔에서 변이가 심하게 나타난다. 연한 잎과 뿌리는 나물로 먹고, 뿌리는 말려서 해열제나 거담제(가래를 삭게 하는 약)로 사용한다. 잔대는 해독, 천식, 여성 질환 등에 효능이 있는 것으로 알려져 있다. 꽃말은 '온화한 사랑'이다.

10장
독특한 외양의 풀꽃들

사람과 마찬가지로 꽃도 각양각색입니다. 8장의 별 모양, 9장의 종 모양의 꽃 외에 독특한 외양을 한 꽃이 있습니다. 이 장에서는 약모밀, 전호, 왜당귀, 냉초, 구와꼬리풀, 개시호, 등대풀, 참나리, 삼백초, 수정란풀, 나도수정초를 소개합니다. 우산을 펼쳐놓은 듯한 꽃도 있고, 강아지풀 같이 생긴 꽃도 있고, 주황색의 점박이 꽃도 있고, 식물체 전체가 하얗고 외계인처럼 생긴 것도 있습니다.

약모밀

그늘진 숲이나 습지에서 60cm까지 자란다. 5~6월경 몇 개로 갈라진 줄기 끝에 노란색의 작은 꽃들이 이삭 모양으로 달린다. 중앙의 노란 꽃들 주변으로 꽃잎처럼 보이는 꽃싸개가 4장이 있다. 코스모스와 같은 국화류에는 줄기의 잎이 꽃잎처럼 변형되어 여러 개의 꽃을 밑동부터 보호하는데, 이런 잎을 한자로 '총포(總苞)'라 하고 우리말로는 '꽃싸개(잎)'라고 한다. 약모밀은 꽃잎처럼 생긴 총포가 십자형으로 배열되어 있어 '십자풀'이라고도 한다.

잎이 메밀과 비슷하고 약으로 많이 쓴다고 하여 약모밀이다. 식물에서 생선 썩는 냄새가 난다고 '어성초(魚腥草)'[1)]라고도 한다. 2차 세계 대전 당시 히로시마와 나가사키에 원자 폭탄이 떨어졌음에도 이듬해에 꽃을 피운 식물이 약모밀이다. 방사선 피해를 이겨낸 강인한 식물로 주목받으면서 일본군은 태평양 전쟁 때 약모밀을 재배하여 항생제 대용으로 사용했다고 한다. 한방에서는 전체를 건조해 피부병, 해열, 폐렴, 기관지염 등을 치료하는 약재로 사용한다. 약모밀은 나물로 먹기도 하고, 잎을 말려 차로 마시기도 한다. 꽃말은 '기다림'이다.

---

1) 어성초(魚腥草)에서 '성(腥)'은 '비리다'라는 뜻이 있다. 식물에서 생선 냄새가 나는 또 다른 풀꽃으로 백선(白鮮)이 있다. 백선은 하얀 뿌리에서 생선 비린내와 같은 고약한 냄새가 난다고 한다.

전호

숲속이나 산기슭에서 흔하게 자라는 미나리과 풀이다. 줄기는 곧추서며, 120cm 정도로 자란다. 줄기 잎은 새의 깃 모양으로 갈라진다. 5~6월에 줄기 끝과 잎겨드랑이에서 흰색 꽃이 자잘하게 모여 핀다. 꽃은 산형꽃차례(꽃대의 끝에 많은 꽃자루가 우산살처럼 퍼져 피는 꽃차례)의 꽃대 끝에 다시 부챗살 모양으로 갈라져 피는 겹산형 꽃차례를 이룬다. 연한 잎은 향이 좋아 나물로 무쳐 먹고, 뿌리는 해열제나 진통제로 효험이 있어 약으로 쓴다.

전호는 겉모습이 사상자와 유사한데, 몇 가지 차이가 있다. 뿌리를 보면 여러해살이풀인 전호는 뿌리가 굵은 편이다. 두해살이풀인 사상자는 뿌리가 가늘어 쉽게 뽑힌다. 이 둘은 줄기에 미세한 털이 나 있는데, 전호는 매끈한 데 반해 사상자는 만지면 거칠고 뻣뻣한 느낌이 든다. 5~6월에 꽃이 피는 전호와 달리, 사상자는 7~8월 한여름에 꽃이 핀다.

왜당귀

원산지가 일본이라 일당귀 또는 왜당귀라 한다. 당귀는 산형과 식물로 6~7월에 흰꽃이 무더기로 핀다. 꽃대의 끝에 많은 꽃자루가 우산살처럼 퍼져 나오고, 이런 산형꽃차례에서 다시 부챗살 모양으로 갈라져 겹산형꽃차례를 이룬다. 우리나라 자생 토종인 참당귀는 붉은 자주색인데, 왜당귀는 흰색 꽃이 핀다. 참당귀는 2m까지 자라는데, 왜당귀는 60~90cm 정도로 자란다.

당귀의 뿌리는 약재로 쓰고, 특유의 향과 맛이 있는 어린잎은 쌈이나 나물로 먹는다. 생리 활성 성분인 데카시놀을 함유하고 있어 특히 부인병 치료에 효과적이다. 당귀(當歸)는 '마땅히 돌아온다'는 뜻을 담고 있다. 아내가 멀리 나가 있는 남편의 무사귀환을 기원하는 의미로 품속에 넣어둔 것에서 그 이름이 유래했다고 한다.

왜당귀

냉초

한국, 일본, 중국 등지에서 분포하는 현삼과 식물이다. 습기가 있는 풀밭에서 40~90cm로 자란다. 끝이 뾰족한 타원형의 잎이 4~8씩 돌려난다. 꽃은 연한 보라색을 띠며 6~8월에 줄기 끝에 강아지 꼬리 모양으로 핀다. 대롱 안쪽에는 잔털이 빽빽하게 나 있다. 냉초 꽃은 여름의 문턱에서 피기 시작해 한여름에 꽃이 진다. 어린순은 식용하고, 한방에서는 약재로 사용한다. 냉초(冷草)는 이름처럼 성질이 차가워 열이 많은 사람의 열을 내리고 통증을 완화하는 데 효과가 있다. 외양이 독특해 관상용으로 심고, 꿀을 따기 위해 밀원식물로 심기도 한다.[2)]

2) 2000년대에 들어서 전국 방방곡곡에 유행처럼 생겨난 수목원이나 생태원에는 냉초가 식재되어 있다. 그런데도 야생 개체군은 나날이 훼손되어 점점 축소되고 있다. 마치 전 세계 동물원에서 아프리카코끼리를 키우고 있지만, 아프리카 들판에는 숫자가 점점 줄어들면서 멸종 위기에 처한 것 같다. 멸종이나 사라지게 하는 것은 생태 윤리에 어긋난다. 생명이 본래부터 사는 터전, 즉 고유 서식처를 보듬어 주는 것이야말로 모름지기 진정한 생명 사랑이다. 서식처 보존이야말로 어미 잃은 새끼에게 어미를 찾아 주는 것과 같다. 김종원, 『한국식물생태보감2 풀밭에 사는 식물』, 자연과생태, 2016, 369쪽

구와꼬리풀

현삼과 식물로 꽃줄기 끝에 피는 꽃이 짐승의 꼬리를 닮은 '구리풀'이 있다. 산이나 들의 풀밭에서 40~80cm로 자란다. 잎이 가늘고 선 모양인 '꼬리풀'과 달리, '구와꼬리풀'은 국화 잎을 닮아 있다. '구와'는 국화에서 가져온 말이고, 전형적인 꼬리풀의 모습을 하고 있어 '구와꼬리풀'이라 부른다. 줄기는 곧게 서고 위쪽에 가지가 갈라진다. 7~8월에 보랏빛 꽃이 핀다.

'구와꼬리풀'을 포함해 '큰구와꼬리풀(가새잎꼬리풀)', '부산꼬리풀' 이 세 가지는 전 세계적으로 우리나라 영남 지방에서만 나는 꼬리풀로 알려져 있다. 꼬리풀의 꽃말은 '달성', '이루다'이다.

개시호

깊은 산속에서 50~140cm 자란다. 전체에 털이 없고 줄기가 곧게 선다. 잎은 넓은 피침형 또는 긴 타원형이며, 잎이 줄기를 감싼다. 꽃은 7~8월에 노란색으로 피며 잎겨드랑이에서 복산형 꽃차례[3)]를 이루고, 꽃대 끝에 10~15송이씩 달린다. 개시호는 '시호'와 유사하지만 차이가 있다.

개시호는 40~70cm 정도인 시호보다는 크고, 시호와 달리 잎이 줄기를 감싸는 것이 특징이다. 개시호는 시호보다 키가 커 '큰시호'라고도 한다.

3) 개시호는 미나리, 당근 등과 같이 '복산형 꽃차례'를 이룬다. 꽃이 꽃대에 붙는 순서나 배열을 꽃차례, 한자로는 화서(花序)라 한다. 꽃대 끝에서 방사형으로 나와 그 끝마디에 꽃이 하나씩 붙는 산형 꽃차례에서 다시 부챗살 모양으로 갈라지는 것이 복산형 꽃차례다. '겹산형 꽃차례'라고도 한다.

등대풀

저지대의 밭이나 길가의 빈터에서 30cm 정도 자라는 '등대풀'이다. 4~5월 봄에 노란빛이 도는 녹색의 꽃이 핀다. 줄기나 잎을 자르면 독성이 있는 흰 액이 나오는데, 사포닌 성분이 있어 약재로 쓴다.

등대풀은 일본 사람들이 만든 이름을 잘못 번역해서 생긴 이름이다. 이윤옥은 《창씨개명된 우리 풀꽃》에서 등대풀은 일본 사람들이 붙인 이름이고, 잘못 쓰인 식물 이름 중 하나라고 지적하고 있다. 등대풀은 그 모습이 등대보다는 등잔과 비슷하다. 줄기 끝에 여러 송이 핀 모습이 등잔을 등잔걸이에 올려놓은 것 같다.

참나리

백합과 식물로 전국의 산과 들의 햇볕이 잘 들고 비옥한 땅에서 1~2m 정도로 자란다. 피침형의 잎이 어긋나며, 잎겨드랑이에 짙은 갈색의 살눈이 달린다. 살눈은 한자로 주아(珠芽)라 한다. 이것이 땅 위에 떨어지면 뿌리를 내리고 싹이 튼다. 대부분의 식물이 암술과 수술의 수정에 의해 열매를 맺고 번식하는데, 참나리는 열매를 맺지 못하고 주아가 땅에 떨어져 번식한다. 나리류 중에서 유일하게 주아로 번식하는 식물이 참나리다.

7~8월에 주황색의 큼직한 꽃이 핀다. 원줄기와 가지 끝에 여러 송이가 밑을 향해 달린다. 꽃잎에 검은 자주색 반점이 점점이 박혀 있는 모습이 호랑이를 닮아 '호랑나리'라고도 한다. 암술 1개와 수술 6개가 모두 꽃 밖으로 나와 있고, 6개의 화피(꽃덮이)가 뒤로 젖힌다. 관상용으로 정원에 심기도 한다.

참나리 세밀화(출처 산림청 국립수목원 kna.forest.go.kr)

삼백초

자생지가 한정되고 멸종의 위기에 있는 식물이다. 제주도에서 자생하며, 100cm 정도로 곧게 자란다. 잎, 꽃, 뿌리가 모두 흰색이어서 또는 줄기 윗부분에 달린 2~3장의 잎이 희어서 삼백초라 한다. 꽃은 7~8월의 여름에 여러 개의 이삭 모양의 흰 꽃이 핀다. 꽃이 필 때 줄기 위쪽의 잎 2~3장이 하얀색으로 변했다가 다시 나중에 녹색이 된다.

약초로서 항암작용이 뛰어나고 동맥경화나 고혈압에 탁월한 효과가 있는 것으로 알려지면서 전국 농가에서 재배하고 있다. 현재 우리가 접하는 삼백초는 대부분 중국 종이다. 흰빛을 내는 꽃과 잎이 있어 관상용으로도 인기가 있다. 자생지가 주로 고도가 낮은 습지여서 개발 압력에 노출되어 있고, 약초와 원예의 목적으로 무분별하게 채취하고 있어 환경부에서 삼백초를 멸종위기 야생생물 II급으로 지정, 보호하고 있다.[4]

---

4) 위 사진에서 나와 있는 삼백초는 7월 2일 경북 포항에 있는 기청산 식물원에서 본 것이다. 포항과 영덕 중간에 청하 지역이 있는데, 이곳에 전원 학교로 유명한 '청하중학교'가 있고, 이 학교 설립자가 황무지를 개간하여 아름다운 동산을 이룬 곳이 '기청산 식물원'이다. 많은 야생화를 볼 수 있는 곳이니 관심 있는 분은 가 보길 바란다.

수정란풀

꽃이 수정이라는 보석처럼 희고 투명하여 수정란풀이라 한다. 높은 산 숲속의 그늘이나 축축한 곳에서 8~15cm 정도로 자란다. 보통의 식물과 달리 엽록소가 없어 광합성을 할 수 없어 다른 식물이 부식하여 생긴 유기물을 양분으로 섭취하여 살아간다. 국립수목원에서는 수정란풀을 가까운 미래에 자생지에서 매우 심각한 멸종 위기에 직면할 수 있는 위기 식물로 보아 약관심종으로 분류하고 있다.

나도수정초(나도수정란풀)[5)]

수정란풀과 마찬가지로 은백색 종 모양의 꽃이 피고, 식물체 전체가 엽록소가 없어 흰색이다. 수정란풀이 여름에서 가을까지 꽃이 피는데, 나도수정초는 5월 봄에 꽃이 핀다. 노란 꽃밥 속에 암술머리가 푸른빛을 띠고 있어 꽃의 모습이 마치 하나의 파란 눈을 가진 외계인처럼 보인다. 나도수정초는 개체 수가 줄어 산림청에서 희귀식물로 보호하고 있다. 다른 이름으로 '나도수정란풀'이라고도 한다.

5) 수정란풀 및 나도수정초 사진 출처: commons.wikimedia.org.

11장
동물 이름을 지닌 풀꽃들

풀꽃 중에는 동물 이름이 들어가는 것이 있습니다. 꽃이라는 자연과 동물이라는 자연의 만남이 꽃의 이름에서 이루어집니다. 동물도 자연의 한 부분입니다. 자연은 사람의 힘을 더하지 않은 천연 그대로의 존재로, 산, 강, 하늘, 바다, 식물, 동물을 모두 포함합니다. 꿩, 개구리, 까치, 쥐, 노루, 범, 토끼, 괭이(고양이), 제비 등이 꽃 이름에 있습니다. 이들 동물의 명칭이 꽃의 특성과 관련지어 꽃 이름이 되고 있습니다.

이 장에서 소개하는 풀꽃은 매발톱, 닭의장풀, 쥐오줌풀, 꽃범의꼬리, 큰꿩의비름, 둥근잎꿩의비름, 꿩의바람꽃, 꼭지연잎꿩의다리, 노루오줌, 노루발, 큰까치수염, 털개구리미나리입니다. 이들 풀꽃이 동물의 어떤 특징과 연관되어 있는지 살펴봅니다.

매발톱

양지바른 곳에서 1m까지 자란다. 5~7월경 보라색의 꽃이 가지 끝에 아래를 향해 달린다. 꽃잎 뒤쪽에 있는 '꽃불'이라는 꿀주머니가 안쪽으로 굽은 모양이 매의 발톱과 비슷하다고 해서 '매발톱'이라 부른다. 꽃불 쪽에 있는 꿀샘으로 곤충을 유인해 꽃가루를 묻히는 방식으로 번식한다. 중국에서는 자신의 꽃가루보다 다른 꽃의 꽃가루를 좋아한다고 해서 '바람둥이꽃'이라 한다.

교잡이 쉬워 다양한 빛깔로 개량한 원예종이 많다. 꽃의 변이도 심하고 품종도 다양하다. 기본종인 매발톱을 비롯하여 하늘매발톱, 노랑매발톱, 흰매발톱, 장미매발톱 등이 있다. 실의에 빠진 이가 매발톱의 꽃잎을 두 손에 문질러 발라 용기를 얻었다는 옛이야기가 있다. 꽃말은 '승리의 맹세'다.

여러 색의 매발톱

닭의장풀

'달개비'라고도 한다. 닭장 밑에서도 잘 자라고 꽃 모양이 닭의 벼슬을 닮아 '닭의장풀'이라 한다. 전국의 길가나 풀밭의 습기가 있는 곳에서 15~50cm 자란다. 줄기는 옆으로 비스듬히 자라고, 잎은 피침형이고 어긋난다. 6~9월에 잎겨드랑이에서 나온 꽃줄기 끝에 한 송이씩 달린다. 꽃잎은 3장이다. 위쪽의 2장은 크고 둥글고 파란색인데, 아래쪽의 1장은 작고 흰색이다. 식물체 전체에 항산화제 성분이 있고, 당뇨병 치료에 도움을 준다고 한다. 꽃말은 '짧은 즐거움', '그리움 사이'다.

쥐오줌풀

전국 산지의 그늘지고 습한 그늘에서 40~80cm 자란다. 5~8월에 원줄기에서 갈라진 가지 끝에서 연분홍색의 작은 꽃들이 다닥다닥 붙어서 모여 피는데, 꽃송이 전체가 우산 모양을 하고 있다. 줄기에서 마주나는 잎은 새 깃 모양(깃꼴겹잎)으로 갈라지고, 갈라진 조각에 톱니가 있다. 어린잎은 나물로 먹고 뿌리는 약재로 쓴다. 뿌리에서 쥐의 오줌 냄새와 비슷한 향이 나 쥐오줌풀이라 부른다.

꽃범의꼬리

북미 원산의 꿀풀과 식물로 60~120cm 자란다. 줄기 윗부분에 꽃이 모여 핀 꽃대의 모양이 호랑이 꼬리와 같다고 하여 꽃범의꼬리라 부른다. 꽃은 7~9월에 보라색, 연분홍, 붉은색, 흰색 등의 여러 가지 색으로 핀다. 꽃대의 맨 아랫부분부터 피기 시작하여 점차 꽃대 위쪽까지 핀다. 꽃받침은 종 모양이고, 꽃잎은 두 갈래로 벌어지는 입술 모양이다. 꽃범의꼬리의 꽃말에는 '청춘', '젊은 날의 회상', '추억' 등이 있다.

큰꿩의비름

돌나물과의 식물로 산과 들에서 30~70cm 자란다. 굵은 뿌리에서 줄기가 여러 개 나온다. 줄기 끝에 여러 갈래 꽃줄기가 갈라지고 다시 작은 꽃이 모여 뭉치를 이룬다. 8~10월에 붉은빛이 도는 자주색 꽃이 피고, 수많은 작은 꽃이 빽빽하게 달린다. 잎은 통통한 육질이며 가장자리는 둔한 모양의 톱니가 있다. 어린순은 식용하며, 한방에서는 뿌리를 제외한 식물 전체를 해열제와 지열제로 쓴다.

꿩의비름 종류 중에서 가장 큼직해서 '큰꿩의비름'이라는 이름이 붙었다. 꿩이 많은 곳에서 잘 자라고 꽃을 살짝 훑어주면 비듬처럼 꽃잎이 날린다고 하여 '꿩의비름'이라는 명칭이 붙었다. '비름'은 머리에서 생기는 '비듬'의 강원도 사투리다.

둥근잎꿩의비름

한때 멸종위기 보호 식물로 관리되던 한국 특산종이다. 풀 전체가 다육질이며 높이는 15~30cm 정도이다. 주로 바위에 피고, 줄기가 아래쪽으로 기는 성질을 갖고 있다. 꽃은 붉은 자주색으로 8~10월까지 줄기 끝에 자잘하며 주먹 모양으로 촘촘히 모여 핀다. 꽃 하나하나가 별 모양이다.

이 꽃의 명칭과 유사한 '꿩의비름', '큰꿩의비름'이 있다. 잎 모양에서 차이가 있는데, 둥근잎꿩의비름은 잎이 원형이고, 꿩의비름은 타원형이다. 큰꿩의비름 잎은 주걱 모양이다. 셋 모두 잎 가장자리에는 톱니가 나 있다. 꽃 색으로 보면 꿩의비름이 흰색 바탕에 분홍색으로 가장 연하다. 키로 보면, 둥근잎꿩의비름이 가장 작다.

꿩의바람꽃

바람꽃의 한 종이다. 바람꽃 중 유일하게 꿩이라는 동물 이름이 들어가는 꽃이다. 습기가 있는 산지의 숲속에서 15~20cm 정도로 자란다. 작은 돌이 많거나 약간 그늘진 숲속이나 산기슭에서 볼 수 있다. 3~5월에 꽃대 끝에 한 개의 흰 꽃이 핀다. 꽃의 수술과 암술이 많은 편이며, 꽃받침도 10개 내외로 많아 쟁반처럼 벌어진다.

'바람꽃'이라는 들어가는 풀꽃에는 꿩의바람꽃, 나도바람꽃, 너도바람꽃, 홀아비바람꽃, 들바람꽃, 변산바람꽃, 태백바람꽃 등이 있다. 우리나라에는 17종의 바람꽃이 자생하는 것으로 알려져 있다. 잎이나 꽃 모양이 가늘어 바람에 쉽게 산들거린다고 하여 바람꽃이라 한다. 바람꽃 종은 깊은 산에서 자라고, 대개는 봄에 꽃이 핀다.

꽃 이름이 '바람꽃'이라고 하는 것이 있는데, 이 꽃은 7~8월 여름에 꽃이 피고 설악산 이북에서만 자생한다. 산림청에서는 희귀 및 멸종 위기 식물로 지정, 보호하고 있다.[1]

1) 김병기, 『모둠모둠 산꽃도감』, 자연과생태, 2013, 108쪽.

꼭지연잎꿩의다리

'꿩의다리'의 한 종이다. 줄기가 꿩 다리처럼 가늘다고 꿩의다리라 한다. 꿩의다리라는 명칭이 붙는 것에는 꿩의다리를 비롯해 금꿩의다리, 은꿩의다리, 자주꿩의다리, 좀꿩의다리, 산꿩의다리, 꽃꿩의다리, 연잎꿩의다리, 꼭지연잎꿩의다리 등이 있다. 이들 꿩의다리 종들은 잎이 대개는 세 갈래로 갈라지고, 6~8월 여름에 꽃이 핀다. 꼭지연잎꿩의다리는 연잎꿩의다리와 마찬가지로 연잎처럼 잎이 둥글며, 잎의 뒷면 한쪽에 잎자루가 붙어 있는 것이 특징이다.

영양 일월산에 핀 산꿩의다리

노루오줌

산골짜기의 습기가 있는 곳에서 70cm 내외로 자란다. 줄기가 곧게 서고, 줄기에 갈색 털이 나 있다. 잎은 어긋나고 작은 잎이 3개씩 모여 2~3회 갈라진다. 6~8월 무렵 줄기 끝에 붉은 자주색 꽃이 많이 모여 달린다. 땅속의 굵은 뿌리줄기에서 역한 누린내가 나는데, 이것이 노루의 오줌과 비슷하다고 해서 노루 오줌이라 부른다. 그렇지만 특별하게 지린내가 나지 않는다. 노루가 많이 오는 물가에서 많이 자란다고 하여 붙인 이름이라는 설도 있다. 어린순은 나물로 먹고, 한방에서는 해열, 두통, 타박상에 약재로 쓴다. 꽃말은 '기약없는 사랑', '연정'이다.

노루발

산의 숲속 그늘에서 20cm 정도 자란다. 잎은 밑동에서 모여 나고 넓은 타원형이다. 꽃은 노란빛을 띠는 흰색이고, 6~7월에 긴 꽃줄기 여러 송이가 밑을 향해 달린다. 밑을 향해 달리는 꽃의 모양이 노루의 발굽과 닮아 '노루발'이다.

노루발 외에도 노루라는 동물과 연관된 꽃이 있다. 4월 봄에 분홍색 또는 흰색 꽃이 피는 '노루귀'는 잎이 나올 때 털이 빽빽하게 돋아 있는 모습이 노루의 귀와 닮아서 노루귀라 한다. 꽃받침 모양도 노루 귀와 비슷하다.

큰까치수염

우리나라에 자생하는 까치수염의 한 종류다. 까치수염은 산과 들의 습한 풀밭에서 50~100cm 정도로 자란다. 줄기와 잎에 털이 많이 나 있다. 6~8월에 원줄기 끝에 흰색의 꽃송이가 모여 달린다. 작은 흰 꽃들이 조밀하게 모여 긴 꽃차례를 이룬 것이 옆으로 굽은 개의 꼬리와 같다고 하여 까치수염을 '개꼬리풀'로 불리기도 한다. 까치수염은 주로 조금 축축한 들에서 자라고, 전체가 뿌옇게 보일 만큼 털이 많다. 산에서 보는 것 대부분은 큰까치수염이다. 큰까치수염은 햇볕이 잘 드는 풀밭에서 잘 자라고, 까치수염보다 잎이 넓고 윤기가 나는 것이 특징이다. 꽃말은 '달성', '매력'이다.

큰까치수염

털개구리미나리

미나리아재비과 식물로 산지의 습한 지역이나 개울가에서 30~80cm 자란다. 개구리미나리는 털이 거의 없는데, 털개구리미나리는 줄기에 털이 퍼져 있다. 5~6월에 줄기 끝에 노란 꽃이 핀다.

미나리아재비과 식물은 대개 물이 고인 습한 곳에서 잘 자라기 때문에 이들 식물 중에는 '개구리'라는 말이 들어가는 풀꽃이 더러 있다. 개구리미나리, 개구리갓, 개구리자리 등이 그러하다. 이들은 모두 작은 노란 꽃이 피고, 꽃잎에 윤이 나는 것이 특징이다.

12장
별난 이름의 풀꽃들

사람뿐만 아니라 사물과 자연물에도 이름이 있습니다. 꽃 이름에는 순우리말로 된 것도 있고, 한자어로 된 것도 있습니다. 부르기도 듣기도 좋은 이름이 있고, 큰개불알꽃, 며느리밑씻개, 미치광이풀 등과 같이 상스러운 이름도 있습니다.

여기서 소개하는 별난 이름의 풀꽃은 큰개불알꽃, 애기똥풀, 방가지똥, 산괴불주머니, 며느리밑씻개, 솜방망이, 얼레지, 광대수염, 흰꽃광대나물, 고삼, 홀아비꽃대, 개감수, 쉽싸리, 큰뱀무, 부처꽃입니다.

큰개불알꽃

서남아시아의 원산의 귀화식물이다. 2월부터 6월까지 들녘 길가나 경작지 주변에 10~20cm로 자란다. 식물체 전체에 부드러운 털이 나며, 줄기는 밑 부분이 옆으로 뻗거나 비스듬히 선다. 푸른색을 띠는 작은 꽃이 줄기 위쪽 겨드랑이에 달린다. 4장의 꽃잎은 겉이 푸른데, 안쪽은 흰색이고 꽃잎마다 짙은 줄무늬가 나 있다. 이 줄무늬는 곤충이 암술이 있는 중앙부까지 오도록 안내하는 역할을 한다. 식물이 수술의 꽃가루가 암술의 머리에 닿아 씨앗이 맺히도록 하는 것을 꽃가루받이 또는 수분(受粉)이라 한다. 풀꽃은 수분을 통해 번식하는데, 큰개불알꽃은 곤충을 이용해 꽃가루가 암술머리에 닿게 하여 수분을 한다.

분홍 꽃이 피는 '개불알꽃'이 있는데, 이것은 열매 모양이 개의 생식 기관을 닮았다는 일본명을 번역한 것이다. 꽃 이름이 민망하다고 하여 '봄까치꽃'이라고 이른다. 꽃의 아랫부분이 복주머니 모양을 닮아서 '복주머니꽃'이라고도 한다.

애기똥풀

4월 봄부터 10월 가을까지 마을 근처 양지나 숲 가장자리에서 50cm 정도 자란다. 식물체 전체에 희고 긴 털이 나 있고, 잎은 깃꼴로 갈라진다. 노란색의 꽃이 가지 끝에 모여 핀다. 꽃잎은 4장이며, 1개의 암술이 돌출되어 있다. 잎과 줄기를 꺾으면 노란 액이 나오는데 그 빛깔이 마치 아기의 무른 똥과 같다고 하여 '애기똥풀'이라 한다.

노란 액에는 독성이 있어 초식 동물이 꺼리는데, 유독 개미가 애기똥풀의 열매를 좋아한다. 열매에 들어 있는 까만 씨에는 지방산, 아미노산, 포도당으로 이루어진 '엘라이오좀'이라는 화학물질이 있다. 개미들이 이것을 좋아해 열매를 집으로 운반해 엘라이오좀을 먹고 버리면 거기서 싹이 자란다. 개미를 이용해 발아의 기회를 얻는 애기똥풀은 진통, 이뇨, 해독의 효능이 있어 꽃을 포함하여 줄기와 잎을 약으로 쓴다. 줄기가 가늘면서도 억세다고 하여 '까치다리'라고도 한다. 꽃말은 '엄마의 정성과 사랑'이다.

방가지똥

'애기똥풀'과 같이 '똥'이라는 글자가 붙는 '방가지똥'이라는 풀꽃이 있다. 줄기를 꺾으면 흰 액이 나오고 조금 지나면 다시 갈색으로 변하는데, 이것이 똥 색깔과 비슷하다고 하여 방가지똥이라 한다. 방가지는 방아깨비라는 곤충의 방언이다. 방아깨비는 위험에 처하면 배설물을 내놓는다고 한다. 결국 방가지똥이라는 꽃 이름은 방아깨비 똥과 관련이 있다고 볼 수 있다.

방가지똥에는 들이나 길가에서 1m 정도로 자란다. 잎은 긴 타원형으로 가장자리에 들쭉날쭉한 톱니가 나 있다. 5월에서 10월까지 가지 끝에 노란 꽃이 핀다. 방가지똥 종류에 외국에서 귀화한 '큰방가지똥'이 있다. 위 사진에서 마지막 것이 큰방가지똥이다. 유럽 원산의 귀화식물인 큰방가지똥은 잎이 길쭉하고 가장자리에 나 있는 톱니가 엉겅퀴처럼 날카롭다. 방가지똥은 잎이 부드럽고 억센 가시처럼 되지 않는다. 큰방가지똥은 잎이 억세고 날카롭지만 가축들이 좋아한다. 큰방가지똥은 줄기의 끝에서 여러 개의 꽃망울이 달리고, 잎이 줄기를 감싼다. 방가지똥도 잎이 줄기를 감싸는데, 완전하게 둘러싸고 있어 마치 줄기가 잎을 관통하는 모습처럼 보인다. 방가지똥은 열을 내리고 피를 맑게 하는 데 효능이 있다. 방가지똥의 꽃말은 '정(情)'이다.

산괴불주머니

현호색과의 풀로 전국 산지 습한 곳에서 40cm 정도 자란다. 복주머니를 장식하는 노리개인 괴불주머니를 닮아서 '괴불주머니꽃'이라 한다. 4~6월에 노란 꽃이 피며, 원줄기와 가지 끝에 여러 송이가 달린다. 산괴불주머니는 꽃의 색깔만 다를 뿐 현호색 꽃과 모습이 유사하다. 유독성 식물로 줄기를 자르면 고약 냄새가 난다. 자주색 꽃이 피는 자주괴불주머니도 있다. 아래 맨 끝 사진이 자주괴불주머니다. 산괴불주머니의 꽃말은 '보물주머니'다.

며느리밑씻개

산과 들의 습한 곳에서 1~2m 정도 자라며 6~9월경 꽃이 핀다. 줄기 끝에 연분홍색의 꽃이 여러 송이씩 모여 달린다. 꽃잎은 없고, 줄기에 갈고리와 같은 가시가 많다. 잎은 긴 삼각형 모양이다. 꽃 이름과 관련하여 며느리를 구박하는 시어머니가 줄기에 가시가 많은 이 풀을 며느리 뒤처리용으로 쓰게 했다는 설이 있으나, '의붓자식의 밑씻개'라는 뜻이 있는 일본 이름에서 왔다는 것이 정설이다. 예전의 이 풀꽃의 이름은 '사광이아재비'인데, 사광이는 산에 사는 야생 고양이인 살쾡이를 가리킨다. 부정적 의미의 이름과 달리, 부인병 치료에 효능이 있고, 고상한 맛이 있어 잎을 생으로도 먹고 데쳐도 먹는다. 꽃말은 '질투', '시샘'이다.

솜방망이

전국 산지의 양지에 20~60cm 자란다. 뿌리에서 난 잎은 타원형이며, 원줄기에 흰색 솜털이 나 있다. 4~5월 원줄기 끝에 3~9송이의 노란 꽃들이 모여 달린다. 어린잎 모양이 개의 혓바닥을 닮아서 한방에서는 '구설초(狗舌草)'라 부른다. 잎에 솜 같은 털이 많고, 줄기 끝에 꽃이 모여 피는 모습이 방망이 같다고 하여 솜방망이라고 한다. 꽃과 줄기 전체를 약용으로 사용한다. 꽃말은 '안전하다'이다.

얼레지

얼레지는 슬픈 노래(悲歌)를 뜻하는 가곡 엘레지와는 상관없는 순수 우리말이다. 얼레지는 꽃과 잎에 어루러기와 같은 자주색 반점이 알록달록하다고 해서 붙여진 이름이다. 어루러기는 피부병의 하나로 처음에는 작은 점으로 시작하여 차차 퍼지면서 황갈색이나 검은색으로 변한다.

얼레지는 세계에 약 20종이 서식하는데, 우리나라에 1종이 있다. 주로 깊은 산속에서 비옥한 땅에서 20cm 내외로 자란다. 잎은 밑동에서 2장이 마주나고 긴 타원형이다. 3~4월경에 꽃대 끝에 1개의 꽃이 밑을 향해 달린다. 중앙에 있는 암술은 그 끝(암술머리)이 세 갈래로 갈라진다. 수술은 6개다. 수술에서 돌기처럼 나와 있는 끝부분을 '꽃밥'이라고 하는데, 여기서 생식세포 중 하나인 꽃가루를 만든다. 얼레지는 꽃밥이 자주색을 띤다. 꽃잎은 햇빛이 쨍쨍할 때 활짝 뒤로 젖혀진다. 꽃은 전체적으로 자주색이지만, 간혹 흰색과 노란색 꽃도 나타난다. 얼레지는 씨앗에 싹이 나서 꽃이 피기까지는 대략 6~7년이 걸린다고 한다. 꽃말은 '바람난 여인'이다.

광대수염

숲속의 그늘이나 산자락의 축축한 곳에서 30~60cm로 자란다. 풀 전체에 털이 많고, 잎은 마주나고 가장자리에 톱니가 있다. 4~6월에 잎겨드랑이마다 흰 꽃들이 층층이 돌려 핀다. 꽃 모양이 광대나물과 닮았는데, 꽃받침에 난 긴 털이 수염 같아 광대수염이다. 어린순은 광대나물과 마찬가지로 나물로 먹는다. 꽃말은 '외로운 사랑'이다.

흰꽃광대나물

'광대나물'은 꿀풀과 식물로 풀밭이나 길가에서 자란다. 4~5월 봄에 줄기나 가지의 위쪽에 여러 송이 꽃이 돌려나듯 핀다. 붉은빛이 도는 자주색의 꽃이 피는데, 더러 흰 꽃이 피기도 한다. 흰 꽃이 피는 광대나물을 '흰꽃광대나물'이라 한다.

고삼

맛이 매우 쓰고 효능이 삼과 유사하다고 하여 흔히 '고삼(苦蔘)'이라 한다. 뿌리 형태가 구부려져 있고 길다고 하여 '도둑놈의 지팡이'라고도 한다. 양지바른 곳에서 80~100cm로 자란다. 잎은 긴 타원형 또는 긴 달걀 모양으로 아카시아나무 잎을 닮았다. 6~8월에 가지 끝에 20cm 정도의 꽃줄기가 나와 나비 모양의 연한 노란색 꽃이 밑에서부터 차례로 핀다.

한방에서는 소화불량, 신경통, 간염, 황달, 치질 등에 처방한다. 민간에서는 줄기나 잎을 달여 살충제로 쓰기도 한다. 예전에 변소(재래식 화장실)에 넣어 두어 구더기의 번식을 억제하는 데 이용하기도 했다. 꽃말은 '보물'이다.

홀아비꽃대

홀아비꽃대과 식물로 산지 숲속에서 자라며 30~40cm로 자란다. 줄기는 곧게 서며, 잎은 마주나는데, 두 장씩 마주 달리는 마디 간격이 짧아 마치 4개가 돌려나는 것처럼 보인다. 4~5월에 위를 향한 꽃대에 많은 흰 꽃이 달린다. 꽃대에 달려 있는 꽃이삭이 하나여서 홀아비꽃대라 한다.

출처 https://commons.wikimedia.org

홀아비꽃대과 식물로 홀아비꽃대와 비슷하게 생긴 '옥녀꽃대'가 있다. 이 풀꽃 또한 4~5월에 흰 꽃이 피는데, 홀아비꽃대보다 꽃이 더 길고 가늘며, 노란 꽃밥이 겉으로 보이지 않는다. 또 잎에서 윤기가 나지 않는 것이 홀아비꽃대와는 다른 점이다.

개감수

양지바른 산과 들에서 20~40cm로 자란다. 싹이 날 때 잎과 줄기는 붉은빛을 띠고, 잎과 줄기를 자르면 독이 있는 흰 액이 나온다. 원줄기 끝에 5장의 잎이 돌려나고, 돌려난 잎 윗부분에서 가지가 5개로 갈라지고, 갈라진 가지 끝에 2장의 꽃받침이 달린다. 꽃잎은 없고 꽃받침이 꽃잎으로 보인다. 삼각형 모양을 한 꽃받침이 마주하고, 그 중앙에 노란빛을 띠는 녹색 꽃이 4~7월에 핀다.

중국에서 한약재로 쓰이는 '감수'라는 대극과 식물과 비슷해 붙인 이름이다. 참된 감수가 아니라는 뜻으로 개감수라 한다. 보통 식물명에서 기준이 되는 식물에 비해 품질이 낮거나 모양이 다를 때 '개'를 쓴다. 민간에서는 개감수의 덩이뿌리를 치통, 발한, 진통, 종창 등에 약재로 사용한다.

쉽싸리

꿀풀과 여러해살이풀로 도랑 가장자리나 산지의 습지에서 1m 내외로 자란다. 줄기는 사각기둥 모양이고 속은 비어 있다. 잎은 피침형으로 가장자리에 날카로운 톱니가 있고, 마주난다. 6~8월에 줄기 윗부분 잎겨드랑이에서 작은 흰 꽃이 층층이 달란다. 어린잎은 나물로 먹고, 땅속줄기의 흰 뿌리는 절여서 김치로 담가 먹는다.

쉽싸리는 이뇨제로서 혈액을 잘 순환시키고 소변이 잘 나오게 하는 데 효능이 있다. 피부 염증이나 부스럼에도 약재로 사용한다. 연못과 같은 습지에서 자라고, 난초와 같은 향긋한 향기가 난다고 하여 '택란(澤蘭)'이라고도 한다.[1)]

1) 쉽싸리라는 꽃 이름의 유래에 여러 설이 있다. '아주 쉽게'를 나타내는 '쉽사리'가 된소리로 바뀌었다고 보는 견해가 있다. 큰 키에 비해 꽃이 작고 어디서나 쉽게 발견할 수 있어 이런 이름이 붙었다는 것이다. 또 옛 문헌에 '쇡싸리'로 기록되어 있는 것에서 '소'와 '사리'의 합성어로 추정하기도 한다. 여기서는 '소'를 늪을 뜻하는 한자 '소(沼)'로 보고 쉽싸리가 물가에서 국수의 사리 모양으로 무리 지어 산다는 것에 의미를 둔다.

큰뱀무

뱀무는 '뱀'과 '무'의 합성어로 뿌리에서 난 잎이 무의 잎과 닮았다고 하여 뱀무라 한다. 큰뱀무는 뱀무보다 식물체 전체가 크고, 꽃 지름도 2cm 내외로 크다. 전체에 털이 나 있으며, 1m 정도로 곧게 자란다. 줄기에 달린 잎은 3~5개의 작은 잎으로 구성되며, 작은 잎의 가장자리에 톱니가 나 있다. 6~7월에 가지나 줄기 끝에 노란 꽃이 여러 개 달려 핀다. 주로 해발고도가 높은 산지의 초원에서 서식하나, 낮은 산의 숲 언저리나 풀밭에서도 발견된다. 어린잎은 나물로 먹고, 식물체 전체를 약재로 쓴다. 꽃말은 '만족한 사랑', '나눔'이다.

부처꽃

불교 의식과 관련이 있는 부처꽃과 여러해살이풀이다. 음력 7월 15일 백중날 부처님께 연꽃 대신 색이 비슷한 이 꽃을 바친 데서 이름이 유래한다. 물을 좋아해 냇가, 초원 등의 습지에서 1m 정도의 높이로 곧게 자란다. 전체에 털이 없고 줄기 윗부분에서 가지가 많이 갈라진다. 7~8월 여름에 진분홍색 꽃이 줄기에 다닥다닥 달린다. 털이 없는 부처꽃과 달리 온몸에 거친 털이 많이 나 있는 털부처꽃이 있는데, 털의 변이가 심해 동일 종으로 보기도 한다.

부처꽃과는 세계적으로 모두 33개 종이 분포하는데, 현재 우리나라에는 자생종인 부처꽃과 털부처꽃을 비롯해 미국 원산의 날개부처꽃이 등록되어 있다. 부처꽃의 꽃말은 '비련', '슬픈 사랑'이다.

부처꽃을 찾은 배추흰나비

영양 감천마을에 핀 다알리아

13장
외국에서 건너온 풀꽃들

외국에서 넘어와 우리 땅에 자리 잡고 정착한 식물을 외래식물 또는 귀화식물이라고 합니다. 우리 주변은 외래식물로 넘쳐납니다. 산에서 저절로 자라는 야생화를 제외하고는 외래식물이라고 해도 지나친 말이 아닙니다. 미국과 같은 먼 대륙에서 넘어와 생존하는 만큼, 외래식물은 생명력이 강하고 번식력도 뛰어납니다. 땡볕이나 자동차 매연에도 잘 견디며, 오래도록 꽃을 피우기 때문에 도로변이나 빈터에 외래식물로 가득합니다. 외래식물의 득세로 토종 식물이 설 자리를 잃고, 생태계 균형에 교란이 일어나기도 합니다. 하지만 외래식물이라고 무조건 나쁜 것은 아닙니다. 황폐하고 척박한 땅에서도 잘 자라 생명의 기운을 불어넣고 산소를 공급해주기도 합니다.

여기서 소개하는 풀꽃은 큰금계국, 기생초, 설악초, 개양귀비, 종지나물, 맨드라미, 만수국, 송엽국, 천일홍, 수레국화, 인디언천인국, 원추천인국, 유홍초, 버들마편초, 은잔화, 왕원추리, 옥잠화, 부레옥잠, 쇠채아재비입니다. 우리가 타국에서 온 이민족과 더불어 살아가듯 풀꽃도 외래식물과 더불어 살아갑니다. 꽃은 국적을 가리지 않으며 이렇다 저렇다고 차별하지 않습니다. 풀꽃은 포용과 조화의 아름다움을 보여줍니다.

큰금계국

북아메리카 원산의 국화과 식물이다. 6~10월에 가늘고 긴 꽃대 끝에 노란색 꽃이 핀다. 황금색 깃털을 가진 금계(金鷄)를 닮아 붙인 이름이다. 햇볕이 잘 들고 건조한 곳에서도 잘 자라 도로변에 관상용으로 많이 심기도 한다. 우리가 흔하게 많이 보는 것은 '금계국'이 아니라 '큰금계국'이다. 금계국은 꽃 중심부에 해당하는 혀꽃 밑 부분에 갈색 무늬가 있다. 금계국의 높이가 60cm 정도라면 큰금계국은 1m 정도로 키가 크다. 금계국이 한해살이풀이고, 큰금계국은 여러해살이풀이어서 개체 수로 보면 금계국이 훨씬 적다. 금계국과 비슷한 '기생초'라는 귀화식물이 있는데, 중앙부에 나 있는 무늬가 크고 더 짙다. 기생초는 잎이 선형이다.

큰금계국

금계국

기생초

기생초

큰금계국과 마찬가지로 북아메리카 원산의 귀화식물이며 국화과 식물이다. 6~10월에 노란 꽃이 핀다. 꽃 중앙부에 짙은 자주색의 관 모양의 꽃(통꽃, 통상화)이 달리고, 그 주변에 혀 모양의 꽃(설상화)이 달린다. 혀꽃의 안쪽에 짙은 붉은 색 또는 짙은 자주색 무늬가 나 있는데, 무늬의 양상이 다양하다. 생명력이 강해 많은 원예 품종이 있고, 관상용으로 많이 심는다. 꽃말은 '다정다감한 그대의 마음', '간절한 기쁨'이다.

꽃의 색이 화려해 기생에 빗댄 이름인데, 이와 이름이 유사한 '기생꽃'이 있다. 기생꽃은 외래종이 아니고 우리나라 높은 산에 자생하는 고유종이다.[1)]

1) 기생꽃에 대한 자세한 설명은 17장 '꽃 마음 키우기'에 나와 있는 '어떻게 하면 좋을까요' 참조 바람.

설악초

우리나라의 설악산이 원산지가 아니다. 이 풀은 북아메리카 원산이며 관상용으로 화단에 심거나 꽃꽂이 재료로 사용한다. 줄기 아래쪽에 난 잎은 푸른 빛을 띠지만, 위쪽 잎은 가장자리가 하얘 전체적으로 하얗게 보인다. 높이는 60~100cm이고, 6~10월에 흰색의 작은 꽃이 핀다.

'월광초', '야광초'로도 불리는 이 꽃은 설악산에 내린 눈처럼 하얗다고 해서 '설악초(雪嶽草)'라 한다. 줄기를 꺾으면 독성이 있는 하얀 액이 나오므로 주의해야 한다. 피부에 닿으면 알레르기나 발진을 일으킬 수 있다. 꽃말은 '환영', '축복'이다.

개양귀비

유럽 원산으로 키가 80cm 정도로 자라며 전체에 털이 있다. 꽃은 붉은색 또는 주황색이며, 5~6월에 가지 끝에 한 송이씩 위를 향해 달린다. 꽃의 색이 진해 꽃은 물감이나 식료품 색소로도 사용된다. 꽃이 매혹적이어서 '꽃양귀비'라고 하고, '우미인초'로도 불린다. 당 현종의 후궁이었던 양귀비의 미모에 빗대어 양귀비라 한다. 우미인은 중국 초나라 때 항우의 첩으로 양귀비와 함께 중국 4대 미인으로 불리던 인물이다.

개양귀비는 양귀비의 일종이지만, 이 둘은 다르다. 개양귀비는 온몸에 털이 나 있지만, 양귀비는 털이 없다. 또 양귀비는 꽃잎 안의 씨방 중심으로 검은 문양이 크게 진하게 나 있다. 잎으로 보면 개양귀비는 피침형이고, 양귀비는 잎이 크고 넓고 긴 달걀 모양이다. 특히 양귀비는 마약 성분이 있어 재배가 법적으로 금지되어 있다. 꽃봉오리 속 열매 유액을 말려 가공하면 아편, 헤로인, 모르핀 등 마약의 원료가 된다. 진통 및 진정 작용에 효능이 있으나, 이것을 상습 복용하면 중독되고 심할 경우 건강에 치명적이어서 양귀비 재배는 법적 단속의 대상이 된다.

좀양귀비

흰양귀비

종지나물

심장 모양의 널따란 잎이 종지를 닮아 '종지나물'이라 한다. 종지는 간장이나 고추장 따위를 담아서 상에 놓는 작은 그릇이다. 꽃은 4~5월 봄에 피며, 흰색 바탕에 보라색 무늬가 나 있다. 미국 원산의 제비꽃과 식물이어서 '미국제비꽃'이라 한다. 1945년 광복 이후 미국에서 귀화한 것으로 알려진 이 꽃의 꽃말은 '겸손'이다.

우리나라가 미국과 가까이해서 그런지 북아메리카가 원산의 귀화식물이 많다. 금계국, 설악초, 자주달개비, 인디언천인국, 원추천인국, 개망초 등은 북아메리카가 원산인 식물이다. 미국쑥부쟁이, 미국나팔꽃, 미국까마중, 미국자리공, 미국쥐손이 등의 풀꽃은 꽃 이름에 '미국'이라는 나라가 들어간다. 우리나라 정식 꽃 이름 중에서 '미국' 외에 국가명이 들어가는 꽃은 흔치 않다.

맨드라미

열대 아시아 원산의 귀화식물로 90cm 정도 자란다. 관상용으로 심어 기른다. 7~8월에 원줄기 끝에 수탉의 볏을 닮은 꽃이 피어 한자로 계관화(鷄冠花)라고도 한다. 대개는 자주색 꽃이 피지만 품종에 따라 흰색, 황색 등의 색으로 핀다. 꽃받침은 바늘 모양으로 5조각이며 끝이 날카롭다. 잎은 계란형으로 끝이 뾰족하고, 길이는 5~10cm이다. 맨드라미는 많은 원예종이 개발되어 다양한 형상을 보이고 있다. 꽃말에는 '건강', '타오르는 사랑', '시들지 않는 열정' 등이 있다.

여러 형태의 맨드라미

만수국

흔히 '매리골드'라고 하는 만수국은 초여름부터 가을까지 양지바른 곳에서 잘 자란다. 국화과 식물로 꽃은 중심부의 통 모양 꽃(통상화)과 그 주변부의 혀 모양 꽃(설상화)으로 이루어져 있다. 꽃 색은 노란색, 주황색, 적갈색 등으로 다양하다. 멕시코 원산으로 관상용으로 쓰며 많은 품종이 있다. 꽃말은 '반드시 오고야 말 행복'이다.

송엽국

남아프리카 원산으로 5~8월 분홍색의 꽃이 무리 지어 핀다. 잎은 다육질로 길고 두툼하며 5~6cm 정도 자란다. 송엽국(松葉菊)은 '소나무 잎을 단 국화'라는 한자 이름에서 알 수 있듯 잎 모양은 소나무를 닮았고, 꽃 모양은 국화를 닮았다. 잎 모양이나 무리 지어 피는 모습이 채송화를 닮아 '사철채송화'라 부르기도 한다. 한여름 도로변에서도 잘 자라고, 추위에도 강하다.

천일홍

꽃이 천 일 동안 변하지 않는다고 하여 천일홍이다. 열대 아메리카 원산으로 높이는 40cm 정도이며, 줄기는 곧게 선다. 전체에 털이 나 있다. 잎은 긴 타원형이며 가장자리는 밋밋하다. 꽃은 7~10월에 꽃이 피며, 가지 끝에 한 개씩 달린다. 꽃 색은 보라색을 비롯하여 붉은색, 분홍색, 흰색 등으로 다양하다. 꽃 하나에 점처럼 보이는 흰색 부분이 여러 개 있는데, 이것은 꽃가루를 만들어 담는 주머니인 '꽃밥'이다. 꽃의 색이 다양하고 색이 잘 변하지 않아 꽃꽂이나 드라이플라워로 사용하기도 한다.

천일홍은 콜레스테롤을 분해하여 고혈압이나 혈액 순환에 약으로 쓸 뿐만 아니라 몸을 따뜻하게 해주는 성질이 있어 꽃을 달여 차로 마시기도 한다. 꽃말은 '변하지 않는 사랑', '매혹'이다.

천일홍

수레국화

독일의 나라꽃인 '센토레아'이다. 유럽 원산의 이 꽃이 우리나라에 들어와 수레국화로 불리고 있다. 꽃잎이 사방으로 퍼진 것이 수레바퀴를 닮아 붙인 이름이다. 국화과 식물로 높이는 30~90cm 정도이고, 잎은 길고 가늘다. 5~9월에 꽃이 피며, 색깔은 파란색을 비롯해 흰색, 분홍색, 붉은색, 남색, 보라색 등으로 다양하다. 보통은 연한 색과 진한 색이 섞여 있다. 꽃 모양이 독특해 관상용으로 화단에 심어 가꾼다. 꽃말은 '행복', '행복감'이다.

인디언천인국

북아메리카 원산으로 초여름부터 가을까지 지름 6~8cm 정도의 꽃이 핀다. 여름 더위에 강하며, 토양의 성질을 가리지 않고 잘 자란다. '인디언 국화'라고도 하는 이 꽃은 그 색이 인디언의 담요의 색을 닮아 '인디언천인국'이라 한다. 꽃 중앙의 빨간색 주변으로 선명한 노란색을 띤다. 꽃의 강렬한 색이 태양을 연상시킨다. 꽃말은 '단결', '협력'이다.

원추천인국

북아메리카 원산의 국화과 식물로 50cm 내외로 자란다. 원예종으로 30종 정도가 있다. 꽃은 7~9월에 꽃대 끝에 한 송이씩 핀다. 꽃잎처럼 보이는 혀꽃은 노란색이지만, 꽃 중심부 원뿔 모양의 통꽃은 갈색이다. 속명을 이름 삼아서 흔히 '루드베키아'라고 부른다. 줄기와 잎은 빳빳한 털로 덮여 있고, 잎은 긴 타원 피침형이다. 꽃말은 '영원한 행복'이다.

원추천인국(루드베키아)

유홍초

열대 아메리카 원산의 덩굴성 식물로 2m까지 길게 뻗어나간다. 꽃은 긴 깔때기 모양으로 8~9월에 붉은색, 분홍색, 흰색 등의 색으로 핀다. 잎겨드랑이에서 긴 꽃자루가 나와 끝부분에 1~2송이씩 달린다.

유홍초와 꽃 모양이 비슷한 '둥근잎유홍초'가 있다. 유홍초는 잎이 새 깃처럼 갈라져 있어 '새깃유홍초'라고도 하는데, 둥근잎유홍초는 잎이 갈라지지 않는다. 잎이 선형인 유홍초와 달리 둥근잎유홍초는 하트 모양으로 둥글고, 꽃 색이 주황색이어서 쉽게 구분이 된다. 꽃말은 '영원히 사랑스러워'이다.

둥근잎유홍초

버들마편초

남아메리카 원산으로 마편초과 식물이다. 키가 1~2m 정도로 자라며, 줄기에 잎이 많이 달리지 않고 곧게 선다. 줄기가 네모지며 까칠한 털이 나 있다. 긴 피침 모양의 잎은 10cm 정도이다. 6~10월에 붉은빛이 도는 보라색 꽃이 줄기 끝에 모여 달린다. 꽃부리가 깔때기 모양이고 끝이 다섯 갈래로 갈라진다. 여름철부터 늦가을까지 꽃이 지고 피는 것을 반복한다. 여러해살이풀로 가뭄에도 강하고 영하의 추위에도 월동한다. 꽃이 아름다워 관상용으로 정원이나 공원에 심는다. 꽃말은 '당신의 소망이 이루어지길 바란다'이다.

은잔화

남미 원산으로 꽃이 예뻐 관상용으로 많이 심는다. 한자로 은배초(銀盃草)라 한다. 작은 술잔만 한 크기의 흰색 꽃이 핀 모습이 은색 술잔을 닮아 은잔화라 한다. 줄기가 땅으로 기어가며 잔디처럼 자란다. 4~6월에 나팔 모양의 은색의 꽃이 꽃줄기 끝에 한 송이씩 달려 핀다. 꽃은 5갈래로 갈라지며 꽃 안으로 세 줄의 맥이 뚜렷하며, 꽃 중심 부분이 노란빛을 띤다. 꽃말은 '사랑의 속삭임'이다.

포항 세명고등학교 교정에 핀 은잔화

왕원추리

중국 원산의 백합과 식물로 산지나 초원에서 50~100cm로 자란다. 잎은 긴 선형이고, 밑동에서 두 줄로 마주나고, 끝이 활처럼 뒤로 둥글게 젖힌다. 줄기 끝에 짧은 가지가 갈라지고, 7~8월경에 주황색 꽃이 위를 향해 달린다. 겹꽃으로 되어 있는데, 수술의 일부 또는 전부가 꽃잎으로 변하여 꽃잎이 많은 편이다.

우리가 흔히 말하는 '원추리'다. 원추리 종에는 노란색 꽃이 피는 것이 있지만, 원추리는 왕원추리와 마찬가지로 주황색 바탕에 노란 줄무늬가 있다. 겹꽃으로 많은 꽃잎을 이루는 왕원추리와 달리, 원추리는 꽃잎이 여섯 장이다. 꽃이 피면 수술 6개와 암술 1개가 꽃밖으로 길게 나온다. 전국적으로 야생에서도 조금씩 보이고, 원예용으로 심는다. 어린순은 나물로 먹고, 한방에서는 덩이뿌리를 '훤초'라 하여 지혈제나 소염제로 쓴다.

옛사람들은 근심을 잊게 해주는 꽃이라고 해서 원추리를 망우초(忘憂草)라고 불렀다고 한다. 꽃말은 '기다리는 마음', '하루만의 아름다움'이다.

옥잠화

중국 원산의 백합과 식물로 주로 관상용으로 공원이나 정원에 심는다. 40~60cm 정도로 자란다. 타원형 모양의 잎은 20cm 내외로 큰 편이고, 잎맥이 물결무늬로 선명하게 나 있다. 7~9월에 흰색 꽃이 핀다. 긴 꽃줄기 끝에 여러 송이가 한쪽으로 치우쳐 달린다. 꽃 향기가 강한 편이나, 암술이 수술 위에 있고 나팔처럼 길게 뻗어 있는 구조로 되어 있어 나비나 벌이 잘 오지 않는다.

한자어인 옥잠(玉簪)은 옥비녀를 가리킨다. 꽃봉오리가 옛날 여인들이 머리에 꽂던 옥비녀와 같이 생겼다고 해서 옥잠화라 부른다. 우리나라에는 조선 초에 들어왔을 것으로 추정한다. 꽃말은 '조용한 사랑', '추억'이다.

부레옥잠

열대 아메리카 원산으로 물 위에 떠서 자라는 수생 식물이다. 잎자루가 공처럼 둥글게 부푼 모양이고, 그 안에 공기가 들어가 물 위에 떠오른다. 부풀어 있는 잎자루가 어류의 배 속에 있는 공기주머니인 부레와 같고, 꽃이 옥잠(옥비녀)처럼 이쁘다고 해서 부레옥잠이라 부른다. 8~10월에 연한 보랏빛 꽃이 핀다. 가운데 큰 꽃잎에 보랏빛 무늬와 노란 점이 있다. 꽃은 하루 만에 지지만, 번식력이 대단히 뛰어나다. 수생 식물임에도 일반식물처럼 흙이 있는 곳에서도 잘 자란다.

수면 밑으로 빛이 들어가지 못할 정도로 빽빽하게 자라 수중 생물과 미생물들이 산소의 부족으로 광합성을 하지 못하고 죽기도 한다. 부레옥잠은 수중 생태계를 파괴하는 세계의 대표적인 잡초로 알려져 있지만, 추운 겨울을 잘 견디지 못하는 취약점이 있어 우리나라에서는 피해가 덜하다. 국내에서는 부레옥잠을 수질을 정화하는 식물로 활용하고 있다. 물을 썩게 하는 질소와 인이 부레옥잠의 영양분이 된다. 폐수의 요인이 되는 질소와 인을 부레옥잠이 흡수하여 물을 깨끗하게 한다. 부레옥잠은 이렇게 양면성을 지닌 외래식물이다.

쇠채아재비

유럽 원산의 귀화식물이다. 높이는 30~100cm이고, 잎은 강아지풀과 유사한 피침형이다. 줄기 속은 비어 있다. 5~6월에 노란색의 꽃이 줄기 끝에서 피는데, 주로 오전에만 피어 있다. 이 꽃은 꽃받침이 꽃잎보다 긴 것이 특징이다. '쇠채'라는 풀꽃과 닮았다고 하여 쇠채아재비라 한다. 아재비는 아버지의 동생인 삼촌을 낮춰 부르는 말로 흔히 '아재'라 한다. 삼촌인 작은 아버지는 아버지와 닮았지만 다르다. 식물 이름에서 '아재비'는 비슷하나 다르다는 뜻으로 사용된다. 아재비가 들어가는 풀꽃에는 미나리아재비, 만숙국아재비, 털별꽃아재비 등이 있다.

영양 자작나무 숲

14장
영양의 진귀한 풀꽃들

경북 영양에서 볼 수 있는 진귀한 풀꽃을 소개합니다. 영양은 자연이 잘 보존되고 있는 아름다운 고장입니다. 초록 식물로 가득한 산이 사방으로 둘러싸고, 오염되지 않은 맑은 물이 흐릅니다. 영양은 별이 반짝이는 밤하늘도 보호될 만큼, 영화 '아바타'에 나오는 행성과 같이 아름답고 신비로운 곳입니다.

노루귀, 현호색, 노랑무늬붓꽃, 각시붓꽃, 애기송이풀, 노랑제비꽃, 피나물, 홀아비바람꽃, 연복초, 산괭이눈, 물레나물, 털중나리, 하늘말나리, 말나리, 참좁쌀풀, 가는장구채, 흰숙은노루오줌, 투구꽃 등은 주변에서 쉽게 접할 수 없는 풀꽃입니다. 영양의 산지 곳곳에서 자생하는 이들 야생화는 신이 인간에게 준 고귀한 선물입니다.

노루귀

사진 이창우 제공

돋는 잎의 모습이 새끼 노루의 귀처럼 동그랗게 말리고, 잎 뒷면에 털이 보송하게 나 있는 것이 노루 귀와 닮아 붙인 이름이다. 숲속의 햇볕이 잘 드는 곳이나 습기가 많은 곳에서 10cm 정도로 자란다. 꽃대에 솜털이 많이 나 있고, 3월경 잎이 나오기 전에 꽃이 핀다. 복수초처럼 이른 봄 눈 속에서 꽃이 피기도 한다. 꽃이 먼저 피었다가 진 뒤에 열매가 달리면서 잎이 피기 시작한다. 꽃 색은 흰색, 분홍색(연분홍, 진분홍), 보라색(연보라), 자주색(연자주), 하늘색, 남색 등으로 다양하다. 노루귀는 꽃잎에 줄무늬가 있는 것, 꽃잎 가장자리에 흰색 테가 있는 것도 있다. 우리나라에 자생하는 노루귀 종류에는 '노루귀'를 비롯하여 흰색의 작은 꽃이 피는 '새끼노루귀', 울릉도에서 자라는 '섬노루귀' 이렇게 3종이 있다. 꽃말은 '인내', '믿음', '신뢰'이다.

현호색

산과 들의 그늘지고 습한 곳에서 20cm 정도 자란다. 3~4월 봄에 꽃이 핀다. 꽃은 줄기와 가지 끝에 5~10송이가 모여 달린다. 봄에 잠시 폈다고 사라질 정도로 개화 기간이 짧다. 현호색은 이른 봄 다른 꽃보다 앞서서 피고 일찍 시들어 버리지만, 꽃 모양이 독특하고 아름답다. 손가락 두 마디쯤 길이로 옆으로 뻗은 꽃 모양이 벌어진 입술처럼 꽃잎 두 장 모두 가운데가 패어 있다.

현호색은 우리나라에 자생하는 식물 중 변이가 심한 품종에 속한다. 꽃의 색은 하늘빛, 분홍빛, 보랏빛 등으로 다양하고, 잎도 둥글거나 길쭉하거나 잘게 갈라지는 등 변이가 많다. 우리나라에는 조선현호색, 들현호색, 갈퀴현호색, 점현호색, 남도현호색 등 20여 종의 현호색이 자생하는 것으로 알려져 있다.

노랑무늬붓꽃

산지의 초원이나 숲속에서 자생하는 한국 고유종으로 다른 나라에서는 볼 수 없다. 노랑무늬붓꽃은 오대산에서 처음 발견되었다고 하여 종소명이 오대산엔시스(odaesanensis)이다. 오대산 이외에 태백산, 소백산, 주왕산 등에서 만날 수 있는 멸종위기종으로 지정되었으나, 보존이 잘 되어 2012년 해제되었다.[1] 키는 20cm쯤 되며, 잎은 칼 모양이다. 4~5월 봄에 한 꽃대에 두 송이씩 피며, 바깥쪽 흰색 꽃잎 안쪽에 노란 줄무늬가 있다. 시원스러운 잎과 청결함이 돋보이는 꽃으로 '절제된 아름다움'이 꽃말이다.

1) 윤의수 · 유영한, 『멸종위기 식물에 생명의 빛을』, 도서출판 진솔, 2014, 356쪽.

노랑각시붓꽃

각시붓꽃

산기슭이나 풀밭에서 10~30cm 자란다. 잎은 기다란 칼 모양이고, 자주색 꽃이 4~5월 봄에 꽃줄기 끝에 한 송이씩 달린다. 길쭉한 꽃봉오리가 붓을 닮아 붓꽃이라고 하며, 갓 시집온 색시처럼 귀엽고 예쁘다는 의미로 '각시붓꽃'이라 부른다.

이 꽃과 관련한 애틋한 전설이 하나 있다. 신라의 화랑 관창이 홀로 백제 진영에 뛰어들어 김유신과 맞서다가 목숨을 잃게 되자, 그와 정혼한 무용이라는 어린 각시가 죽은 관창과 영혼 혼례를 치른다. 그녀는 매일 관창의 무덤을 지키다가 생을 마감한다. 그녀의 부모는 무용의 시신을 관창의 무덤에 나란히 묻어 주었는데, 이듬해 무덤에 꽃이 피었다. 수줍고 어여쁜 꽃의 모습이 어린 각시 무용을 닮고, 잎은 용맹한 관창의 칼을 닮아 사람들은 각시붓꽃이라 불렀다. 꽃말에는 '존경', '신비한 사람', '부끄러움' 등이 있다.

애기송이풀

우리나라 고유종으로 멸종위기 야생식물 II급으로 지정된 식물이다. 전 세계적으로 북한 개성시 천마산, 우리나라 경기도, 강원도, 경북의 영양과 경주 등에 분포한다. 산지의 그늘진 곳, 바위 지대의 나무 밑동에서 주로 자란다. 줄기는 없고, 꽃은 4월경 진한 분홍색으로 피고 뿌리 끝에서 우산살 모양으로 몇 개의 꽃자루가 나와 그 끝에 1개씩 달린다. 꽃받침은 긴 통 모양이고 겉에 잔털이 있다.

꽃이 매우 연약해 약간의 충격에서 쉽게 허물어지고 꽃이 피어 있는 기간도 매우 짧아 꽃을 보기가 쉽지 않다. 수목 층이 우거지는 여름이면 잎과 꽃이 사라지고 이듬해 봄을 위해 여름잠을 잔다. 애기송이풀은 복수초와 생활유형이 비슷하다.

애기송이풀과 노랑무늬붓꽃

노랑제비꽃

제비꽃의 한 종류로 키가 10cm 정도로 작고 땅에 낮게 깔려 있다. 식물 전체에 털이 거의 없고, 잎 표면은 윤기가 난다. 꽃 중앙에는 자주색의 줄무늬가 나 있다. 꽃에 있는 줄무늬는 꽃을 찾아온 곤충들이 꿀을 빨아먹기 위해 들어가는 통로로 이용된다. 꽃 뒤쪽에 볼록 나온 것이 있는데, 이곳에 꿀샘이 있다. 이 꿀주머니로 곤충을 유인한다. 꽃은 4~6월에 햇빛이 잘 드는 산속 풀밭에서 무리지어 피며, 반그늘에서도 잘 자란다. 꽃말은 '수줍은 사랑'이다.

피나물

양귀비과 식물로 산의 숲속에서 30cm 높이로 자란다. 4~5월에 노란색의 꽃이 핀다. 잎겨드랑이에서 꽃대가 올라와 그 끝에 한 송이씩 핀다. 줄기에 털이나 있고, 줄기나 잎을 자르면 주황색 유액이 나오는데, 이것이 피가 나오는 것과 비슷하여 '피나물'이라 한다. 군락을 이루어 피는 것이 특징이다. 영양에서는 홀아비바람꽃과 함께 군락을 이루는 모습을 볼 수 있다. 피나물은 꽃이 매미꽃과 비슷하여 '노랑매미꽃'이라고 하기도 한다.

피나물 군락

홀아비바람꽃

한국 특산식물로 습기가 많은 산지의 숲속에서 20~50cm 자란다. 대개는 무리 지어 자란다. 잎이 손바닥 모양으로 5개로 갈라지는 특징을 보인다. 4~5월 꽃대 끝에 꽃이 한 개 달린다. 대부분의 바람꽃의 종류가 그러하듯이 꽃잎으로 보이는 흰색 잎은 꽃잎이 아니라 꽃받침이다. 꽃대 하나만 올리고 꽃을 피운다고 해서 홀아비바람꽃 또는 홀바람꽃이라 부른다. 꽃말은 '비밀스러운 사랑', '덧없는 사랑'이다.

연복초

산지의 습기가 있는 숲속에서 8~17cm 정도 자란다. 복수초를 캘 때 연달아 나오는 풀이라 하여 연복초(連福草)라 하지만, 실제로 복수초와 함께 자라는 경우는 흔치 않다. 우리나라에서 1과 1속 1종으로 분류학적으로 의미가 있다. 4월 봄에 연한 녹색의 작은 꽃이 4~6개 정도 모여 달린다. 하나의 꽃줄기에 사방으로 옆을 보고 피는 꽃이 있고, 거기에다 위를 보고 있는 꽃이 있다. 아래를 향해 핀 꽃도 있다. 꽃 하나의 크기는 2~3mm 정도로 아주 작다. 꽃말은 '영원한 행복'이다.

산괭이눈

괭이눈의 종류로 숲속이나 산기슭에서 5~20cm로 자란다. 줄기는 옆으로 뻗어 자라며, 잎은 넓은 달걀 모양으로 가장자리에 톱니가 나 있다. 4~5월에 꽃줄기 끝에 연한 녹색 꽃이 뭉쳐서 핀다. 열매는 익으면 잔 모양으로 벌어지면서 갈색 씨를 드러낸다. 괭이눈은 맑은 물이 흐르는 숲 근처나 나무가 우거져 습기가 많은 곳에서 잘 자란다. 꽃 이름은 '고양이의 눈 풀'이라는 일본명에서 유래한다. 열매가 있을 무렵이면 그 모양이 고양이가 눈을 지그시 감고 있는 모습과 비슷하다고 하여 괭이눈이라 한다.

일본에서만 서식하는 것으로 알려진 '괭이눈'은 1913년 제주도 한라산에 괭이눈 서식이 보고된 이후, 100여 년 동안 국내에서 발견된 적이 없다가 1918년 전남 영광군 일대에서 괭이눈 자생지가 발견되었다. 한국에서 자생하는 괭이눈 속 식물에는 산괭이눈을 비롯해 흰괭이눈(흰털괭이눈), 누른괭이눈, 천마괭이눈(금괭이눈), 선괭이눈, 가지괭이눈, 애기괭이눈 등 10여 종이 있는 것으로 알려져 있다.

물레나물

산기슭이나 물가에서 50~80cm로 자라는 여러해살이풀이다. 우리나라 각지의 산지에서 자라지만, 오염된 곳에서는 살지 못하고 깨끗한 자연환경에서만 자란다. 줄기나 잎에는 털이 나 있지 않으며 매끈하다. 잎은 피침형이며 마주난다. 6~9월에 꽃이 하늘을 향해 핀다. 노란색 바탕의 긴 꽃잎에 빨간 꽃술이 인상적이다. 꽃잎 5장이 바람개비와 비슷한 모양을 하는데, 이것이 실을 뽑는 물레와 비슷하다고 하여 물레나물이라 한다.

어린순은 나물로 식용하며, 한방에서는 잎과 줄기를 말려 부스럼 같은 피부질환이나 부기에 약재로 사용한다. 물레나물은 염증성 질환에 탁월한 효과가 있는 것으로 알려져 있고, 우울증 예방과 치료에 사용할 수 있는 건강기능식품으로 인정받고 있다. 꽃말은 '임을 향한 일편단심', '추억'이다.

털중나리

백합과 한국 특산식물이다. 깊은 산 숲 아래나 깊은 골짜기에서 50~100cm로 자란다. 줄기와 잎에 미세한 털이 많아 털중나리다. 잎은 피침형이고 어긋난다. 6~8월에 노란빛이 도는 붉은 색 꽃이 피는데, 원줄기와 가지 끝에 한 개씩 달리고, 밑을 향해 핀다. 꽃잎 6장이 뒤로 말리고, 꽃잎 안쪽에 자주색 반점이 듬성듬성 나 있다. 6개의 수술과 1개의 암술이 모두 꽃 밖으로 길게 나와 있다.

우리나라에 자생하는 나리 중에 6월 초에 가장 먼저 피어 여름을 알리는 꽃이 털중나리다. 털중나리와 마찬가지로 땅을 향해 피는 땅나리가 있는데, 땅나리는 나리 중에 유일하게 짙은 반점이 없이 깨끗하다. 주변에서 가장 흔하게 볼 수 있는 참나리는 꽃이 크고 화려하며, 7~8월 여름에 무성하게 자란다. 털중나리의 꽃말은 '순결', '존엄'이다.

하늘말나리

산기슭이나 풀밭에서 1m 정도로 자라는 백합과 식물이다. 말나리처럼 잎이 돌려나고, 꽃이 하늘을 향하고 있어 하늘말나리라 한다. 잎은 줄기 가운데 5~10개의 긴 타원형의 잎이 돌려나고, 줄기 윗부분에 달리는 작은 잎은 어긋난다. 6~7월에 원줄기와 그 옆 줄기 끝에 1~5개의 꽃이 위를 향해 곧추 달린다. 주황색 바탕에 자주색 반점이 있으며, 약간 뒤로 젖혀진다. 연한 잎과 비늘줄기는 먹고, 꽃은 말렸다가 차로 우려 먹는다. 꽃말은 '순진', '순결'이다.

말나리

우리나라 전역에 자라기는 하나, 자생지에도 개체 수가 많지 않으며, 주로 높은 산지의 그늘진 곳에서 자란다. 60~100cm 높이로 곧게 선다. 7~8월에 줄기 끝에 짙은 주황색 꽃이 핀다. 꽃잎의 안쪽에 검붉은 색이 반점이 있고, 수술이 6개다. 잎은 어긋나거나 돌려나며, 돌려나는 잎은 줄기 아래쪽에 위치하며, 보통은 4~9장이 달린다. 하늘말나리와 달리 꽃이 옆을 향하고, 잎이 약간 넓은 편이다.

참좁쌀풀

우리나라에서만 자생하는 특산식물이다. 주로 깊은 산의 그늘진 곳에서 60cm 정도로 곧게 자란다. 꽃이 피기 전에 꽃봉오리가 다닥다닥 달린 모습이 좁쌀을 뿌려놓은 것 같다고 해서 좁쌀풀이라 한다.[2] 진짜의 좁쌀풀이라는 의미에서 참좁쌀풀이다. 잎은 마주나거나 3~4장이 돌려난다. 꽃은 6~8월에 노란색으로 피고, 줄기 끝 또는 윗부분의 잎겨드랑이에서 달린다. 꽃잎 중앙에 붉은 무늬가 동그랗게 나 있다. 어린순은 식용하며, 한방에서는 고혈압, 불면증, 위염, 위궤양 등에 약재로 사용한다. 꽃말은 '항상 기억하세요', '동심'이다.

---

2) 참기생꽃, 참꽃마리, 참나리, 참나물, 참취 등과 같이 풀꽃 이름에서 앞에 붙는 '참'은 '진짜의', '좋은'의 의미를 지닌다.

가는장구채

한국 특산종으로 산지 숲속의 그늘진 곳에서 자란다. 곧게 길게 뻗은 줄기가 장구의 채와 같았다고 하여 유래된 이름이고, '장구채'에 비해 줄기가 가늘어 '가는장구채'라 부른다. 높이가 50~60cm 정도이고, 가지가 많이 갈라진다. 전체에 털이 나 있고, 잎은 달걀 모양으로 끝이 뾰족하다. 7~8월 여름에 줄기나 가지 끝에 흰색 꽃이 핀다. 먼저 꽃대 끝에 한 개의 꽃이 피면 그 주위의 가지 끝에 다시 꽃이 피고 거기서 다시 가지가 갈라져 끝에 꽃이 피는 취산꽃차례를 이룬다. 꽃잎과 꽃받침이 모두 5갈래로 갈라지는데, 꽃잎은 가장자리가 움푹 패어 있다. 꽃말은 '동자의 웃음'이다.

흰숙은노루오줌

'노루오줌'은 노루가 살 만큼 깊은 산 속에서 자라고, 뿌리에 노루오줌과 같이 누린내가 난다는 데에서 유래하였으나, 실제로는 특별한 냄새가 나지 않는다. 노루오줌의 한 종류로 '숙은노루오줌'이 있는데, 노루오줌과 마찬가지로 6~7월에 꽃이 핀다. 노루오줌은 붉은 꽃이 피고 꼿꼿하게 서 있는데, 숙은노루오줌은 연분홍색 꽃이 피고, 꽃차례가 옆으로 휜다.

흰숙은노루오줌은 숲속이나 습지 근처의 그늘진 곳에서 70cm 정도로 곧게 자란다. 줄기에는 갈색 털이 나 있고, 잎은 2~3개로 갈라져 있다. 여름에 흰색 꽃이 핀다. 매우 작은 꽃들이 하나의 커다란 고깔 모양의 꽃차례를 이루는데, 꽃은 아래에서 위로 올라가면서 차례로 핀다. 꽃이 먼지떨이 모양으로 독특해 서양에서는 원예종을 만들어 관상용으로 화단에 심기도 한다.

숙은노루오줌의 학명인 'Astilbe koreana Nakai'에서 'koreana'는 우리나라를 의미한다. 아스틸베(Astibe)는 꽃 광택이 없다는 희랍어에서 유래한다. 흰숙은노루오줌은 학명이 'Astilbe koreana f. albiflora Y.N.Lee'이다. 이 꽃의 명칭은 1996년 우리나라 식물학자인 이영노가 명명한 것이다. 'albiflora'는 꽃의 색이 흰색임을 나타낸다.

흰숙은노루오줌

투구꽃

미나리아재비과 식물로 숲속에서 80~100cm 정도로 자란다. 잎은 3~5갈래로 갈라지고, 잎 모양에서 변이가 나타난다. 8~9월 여름에 고깔 모양의 자줏빛 꽃이 핀다. 꽃 모양이 예전에 검투사가 싸울 때 머리에 쓰는 투구와 비슷하게 생겨 투구꽃이라 한다. 독성이 강하나, 한방에서는 풀의 뿌리를 '초오'라고 하여 한약재로 쓴다.

투구꽃 잎

영양 지훈문학관

2

그대라는 꽃을 불러본다

15장
꽃이랑 사귀기

애기똥풀과 친구 되기

4월 봄이면 어김없이 피는 꽃 중 하나가 '애기똥풀'입니다. 10월까지[1] 풀밭이나 들에 노란 꽃이 피는데, 이 꽃을 의외로 모르는 사람이 많습니다. 이 꽃의 줄기나 잎을 자르면 나오는 노란 액이 아기 똥을 닮았다고 해서 애기똥풀이라 부릅니다. 노란 액에는 독성이 있어 초식동물도 먹기를 꺼리는데, 애기똥풀 즙은 티눈이나 사마귀 제거에 좋고, 뱀이나 독충에 물렸을 때 짓찧어 붙이면 해독에 도움이 된다고 합니다. 그러나 식물즙에는 독이 있어 피부염이나 가려움증을 일으킬 수도 있으니 만지면 비누로 씻는 게 좋습니다.

'애기똥풀'을 눈여겨본 시인이 있습니다. 이 풀꽃을 소재로 한 두 편의 시를 감상해 봅니다.

1) 여러 책에서는 애기똥풀의 개화 시기를 4~8월로 언급하고 있는데, 경북 일대에서는 10월까지도 꽃이 피어 있는 것을 볼 수 있다.

애기똥풀

안도현

나 서른다섯 될 때까지
애기똥풀을 모르고 살았지요
해마다 어김없이 봄날 돌아올 때마다
그들은 내 얼굴 쳐다보았을 텐데요

코딱지 같은 어여쁜 꽃
다닥다닥 달고 있는 애기똥풀
얼마나 서운했을까요

애기똥풀도 모르는 것이 저기 걸어간다고
저런 것들이 인간의 마을에서 시를 쓴다고

애기똥풀이 하는 말

정일근

내 이름 너희들의 방언으로
애기똥풀이라 부르는 것을 참을 수 있지만
내 몸 꺾어 노란 피 내보이며
노란 애기똥을 닮았지, 증명하려고는 마
너희들이 명명한 가벼운 이름, 더 가벼운 손짓에
나는 상처받고 시들시들 죽어가고 있어
너희들 속에 생명이 있다면
내 속에도 뜨거움이 있고
너희들이 이 땅에 존재한다면
나도 이 땅에 뿌리내리고 있어
이제 우리 서로 사랑하기로 해
내 너희들에게 착한 자연이 되듯이
너희들도 나의 좋은 친구가 되어줘
너희들의 방언으로 내 이름 부르기 전에
이제는 내 방언에 귀 기울여줘

내 얼마나 아름다운 빛깔과 향기로
너희들의 이름 부르는지 아니
귀 기울여줘, 내가 부르는 너희들의 이름을
친구라고 부르는 너희들의 이름을

꽃 세심하게 관찰하기

(1) 몸의 털 들여다보기

사람처럼 털이 많이 나 있는 꽃이 있습니다. 줄기에 난 털, 잎의 앞뒤를 빽빽이 채운 털, 잎의 가장자리를 따라서 돋아난 털, 꽃잎에 난 털, 열매에 붙어 있는 털 등 이런저런 털 하나쯤은 지니고 있습니다. 털은 추위로부터, 자외선으로부터, 어떤 물리적 충격으로부터 몸체를 보호하는 기능을 합니다. 그냥 보면 보이지 않고 몸을 숙여 가까이 들여다보아야 알 수 있습니다.

애기똥풀

반디지치

흰꿀풀

쥐손이풀

박주가리

표주박 모양을 하고 있는 열매가 익으면 양 끝이 뾰족한 배 모양으로 벌어지는데, 이 열매껍질이 박 바가지를 닮아 '박주가리'라 한다. 7~8월에 연한 자주색 꽃이 피는데, 부드러운 솜털로 둘러싸여 있다. 줄기를 자르면 독성이 있는 흰 유액이 나온다. 심장 모양의 잎은 두꺼운데, 연한 어린잎은 나물로 먹는다. 꽃말은 '먼 여행'이다.

할미꽃

흰털로 덮인 꽃대가 구부러진 모습이 할머니와 닮아 할미꽃이라 한다. 멀리 시집가 사는 손녀 집을 찾아가다가 허기와 추위로 얼어 죽은 할머니 넋으로 피었다는 전설에서 이름이 유래했다는 설도 있다. 4월 봄에 꽃자루 끝에 밑을 향한 자주색 꽃이 핀다. 전체가 흰털로 덮여있는 것이 특징이다. 꽃말은 '슬픈 추억'이다.

솜양지꽃

양지꽃의 일종으로 전체에 솜털이 많고, 특히 잎 뒷면이 하얀 털로 덮여 있어 '솜양지꽃'이라 부른다. 높이는 14~40cm 정도이고, 원줄기는 비스듬히 자란다. 줄기에서 나온 잎은 긴 타원형이며, 3개의 작은 잎을 이룬다. 잎 가장자리에는 톱니가 있다. 4~8월에 노란색의 꽃이 피고, 줄기 끝에 여러 송이 달린다.

쥐꼬리망초

열매가 쥐꼬리처럼 길어져서 붙인 이름이다. 우리나라 중부 이남의 들, 논둑, 산기슭에서 30~40cm 정도로 자란다. 줄기는 사각형이고, 식물체 전체에 짧은 털이 빽빽하게 나 있다. 잎은 가장자리가 매끈한 달걀 모양이고, 마주난다.

7~10월에 연한 분홍색의 작은 꽃들이 가지 끝에 달린다. 꽃말은 '가련미의 극치'다.

(2) 잎의 구조 들여다보기

하나의 잎몸이 갈라져서 2개 이상 작은 잎을 이룬 잎을 '겹잎' 또는 '복엽'이라 합니다. 얼핏 보기에는 여러 잎이 달린 것 같지만, 실은 하나의 잎이 갈라져서 2개 이상의 작은 잎을 이루고 있습니다. 여러 장이 모여 하나의 잎을 이루고 있는 것이 겹잎입니다.

겹잎의 대표적 유형에 '깃꼴겹잎'과 '3출엽', '손바닥 모양 겹잎'이 있습니다. 깃꼴겹잎은 잎자루의 양쪽에 여러 개의 작은 잎이 새의 깃 모양으로 붙어 있는 잎입니다. 3출엽은 세 장의 작은 잎으로 갈라져 있는 잎을 말합니다. 손바닥 모양 겹잎은 작은 잎 여러 개가 방사상으로 펼쳐진 잎입니다.

깃꼴겹잎의 풀꽃

피나물

매발톱

금꿩의다리

3출엽의 풀꽃

뱀딸기

현호색

토끼풀

손바닥 모양의 겹잎 풀꽃

홀아비바람꽃

아내가 죽고 혼자 사는 사내를 홀아비라 한다. 홀아비바람꽃은 바람꽃의 한 종류로 하나의 꽃대에 하나의 꽃이 핀다. '혼자', '하나'라는 개념에 의미를 두고 이름이 붙여졌다. 잎이 손바닥 모양으로 갈라져 있다.

우산나물

잎이 우산 모양을 닮은 '우산나물'이다. 산의 그늘이 있는 곳에서 70~120cm로 자란다. 6~9월에 연한 자줏빛이 도는 꽃을 피운다. 잎은 손바닥 모양으로 7~9개쯤 갈라진다. 새순이 날 때는 잎이 접은 우산 같고, 자라면 펼친 우산 모양을 한다.

(3) 잎의 모양 들여다보기

꽃은 모습이나 색으로 이 꽃과 저 꽃을 구분하기도 하지만, 잎으로도 구분하기도 합니다. 잎의 모양은 종에 따라 매우 다양하여 종을 구별하는 데 중요한 기준이 됩니다. 잎은 모양이나 크기에서 저마다 특징이 있습니다. 잎 모양에는 긴 선형, 끝이 뾰족한 피침형, 하트 모양의 심장형, 계란형, 원형, 타원형, 주걱 모양 등이 있습니다.

선형 / 송엽국

피침형 / 정향풀

심장형(하트 모양) / 족도리풀

주걱 모양 / 결명자

위의 둘은 모두 나팔꽃인데, 잎 모양이 다르다. 왼쪽은 잎이 여러 갈래로 갈라져 있고 끝이 뾰족하다. 반면 오른쪽 나팔꽃은 둥글다. 그래서 잎이 둥근 오른쪽 나팔꽃을 '둥근잎나팔꽃'이라 한다. 풀꽃 중에는 이렇게 잎 모양이 원형에 가까운 것이 있다.

둥근잎유홍초

갯메꽃

둥근잎꿩의비름

나팔꽃과 마찬가지로 메꽃과에 속하는 둥근잎유홍초도 잎이 원형에 가깝고, 주로 갯가(바닷가)에서 자라는 갯메꽃은 원형의 잎이 특징적이다. 다육질의 잎이 마주나는 둥근잎꿩의비름도 잎이 원형의 모습을 하고 있다.

깽깽이풀

한때 멸종위기 야생생물로 지정 관리되었던 '깽깽이풀'도 잎이 원형에 가까운 모습을 보여준다. 4~5월 무렵 잎이 나오기 전에 꽃대 끝에서 보랏빛의 꽃이 한 송이씩 달린다. 잎이 전체적으로 둥글며, 끝이 오목하게 들어가고 가장자리가 물결 모양이다. 깽깽이풀의 잎은 연잎처럼 물에 젖지 않는 특징이 있다. 뿌리가 노랗고 잎이 연잎과 비슷해 '황련(黃連)'으로도 불린다.

족두리풀

깽깽이풀과 마찬가지로 산의 숲속에서 4~5월에 꽃이 피는 '족두리풀'이 있다. 꽃봉오리가 전통 혼례에서 여자가 머리에 쓰는 족도리와 비슷해 족두리풀이라 한다. 산속 그늘진 곳에서 10~20cm 정도로 자란다. 검은 자주색을 띠는 꽃이 4~5월 봄에 핀다. 꽃봉오리가 잎이 원형에 가까운 하트 모양이다. 한방에서는 매운맛이 나는 뿌리를 '세신(細辛)'이라 하여 약재로 사용한다.

(4) 줄기에 달려 있는 잎의 모습 살피기

줄기에 달려 있는 모양을 '잎차례'라고 합니다. 잎이 2개가 줄기에 마주 달려있는 것을 '마주나기'라고 하고, 어긋나 있는 것을 '어긋나기'라고 합니다. 3개 이상의 잎이 줄기 한 마디에 붙어 있는 것을 '돌려나기'라고 합니다.

잎이 줄기에 붙는 모습에서도 차이가 있습니다. 줄기에서 잎자루를 뻗어 잎을 이루는 것이 있고, 잎자루 없이 줄기에서 바로 잎이 나는 것도 있습니다. 더러 잎이 줄기를 감싸는 것도 있습니다. 잎이 줄기에 어떻게 달려 있는지 유심히 살펴 봅니다.

줄기 양옆으로 잎이 마주나고 있다. 위 왼쪽은 '꿀풀'이고, 오른쪽은 '나도승마'이다. 꿀풀은 5~7월에 줄기 위의 입술 모양의 꽃이삭이 자줏빛으로 핀다. 잎은 긴 타원형이다. 나도승마는 멸종위기 야생생물 II급으로 지정된 보호 식물이다. 잎은 손 모양으로 갈라지고 가장자리에 뾰족한 톱니가 있다. 7~8월에 노란색 꽃이 핀다.

'청화쑥부쟁이'이다. 일본 원산으로 풍성한 잎을 가지고 있고, 높이가 1m 정도 자란다. 잎이 긴 계란꼴로 거친 톱니가 있고, 빳빳한 털이 있어 까실쑥부쟁이라는 이름을 얻었다. 10월부터 11월까지 청보라색의 꽃이 피기 때문에 '청까실쑥부쟁이'라고도 한다. 줄기에 달린 잎이 어긋난다.

산의 응달이나 계곡 가에서 자라는 '당개지치'다. 천식, 당뇨에 효능 있는 약초로 알려져 있다. 줄기 상단 잎을 보면 여러 개가 밀집하여 돌려나는 것을 확인할 수 있다. 4~5월 봄에 줄기 위쪽의 잎겨드랑이에서 나온 기다란 꽃대 끝에 보라색의 작은 꽃송이들이 달린다.

홀아비꽃대이다. 언뜻 보면, 4개의 잎이 '돌려나기'한 것처럼 보인다. 하지만 자세히 보면 '마주나기'다. 잎이 2개씩 마주 달리는 간격이 짧아 4개처럼 돌려나는 것처럼 보인다.

유채꽃

고들빼기

개시호

유채꽃, 고들빼기, 개시호 이들 풀꽃은 줄기가 잎을 관통하는 듯한 모습인데, 가까이에서 자세히 보면 잎이 줄기를 둘러 감싸고 있음을 알 수 있다.

우리는 잎이 달라요

우리가 흔히 꽃이라고 할 때는 줄기와 잎, 꽃잎을 모두 지칭하여 일컫는데, 엄밀히 말하면 줄기나 가지 끝에서 피어나는 꽃송이가 꽃입니다. 사람으로 치면 얼굴에 해당하는 부분이 꽃이라 할 수 있습니다. 꽃의 모습이나 색으로 이 꽃과 저 꽃을 구분하기도 하지만, 잎으로도 구분하기도 합니다. 풀꽃 중에는 서로 생김새가 비슷해 구분이 어려운 것이 있는데, 더러 잎의 모양으로 구분하기도 합니다.

벌깨덩굴

긴병꽃풀

벌깨덩굴과 긴병꽃풀은 모두 꿀풀과 식물로 5월 봄에 보랏빛 꽃이 핀다. 이 둘은 꽃이 피는 시기나 꽃의 색이 비슷한데, 잎 모양에서 차이가 있다. 벌깨덩굴의 잎은 삼각형 형상이라면 긴병꽃풀은 원형에 가깝다. 잎 가장자리에 나 있는 톱니를 보면 벌깨덩굴에 비해 긴병꽃풀이 잎의 끝이 더 파여 있다.

머위

곰취

왼쪽은 머위이고, 오른쪽은 곰취이다. 머위는 주로 습지에서 30~50cm 정도로 자라고, 봄에 산과 들에 자라는 온갖 나물 중에서 염증을 삭이고 암세포를 억제하는 데 효능이 높은 식물로 알려져 있다. 보통 3~4월 봄에 암수딴그루[2]로 꽃이 핀다. 수꽃은 노란빛을 띠는 흰색이고, 암꽃은 흰색이다. 머위는 꽃이 진 뒤에 잎이 나기 시작한다.

곰취는 머위와 같은 국화과 여러해살이풀이다. 곰이 살 정도로 깊은 산속에서 자생하며 150cm 정도까지 자란다. 잎이 곰 발바닥을 닮아서 혹은 겨울잠을 자고 일어난 곰이 즐겨 먹는다고 해서 곰취라 한다. 머위와 달리 7~9월에 노란 꽃이 피며, 줄기 끝에 잔꽃이 모여 이삭처럼 달린다. 어린잎은 쌈으로 먹거나 무쳐 먹는다.

머위와 곰취는 모두 잎이 심장 모양인데, 머위 잎은 잎자루와 연결된 한쪽 부분이 오목하게 많이 파여 있고, 잎도 크다. 곰취 잎은 머위 잎과 비슷하나, 가장자리에 톱니가 들쭉날쭉 나 있는 것이 머위와 다르다. 또 머위는 잎에 광택이

2) 식물에서 수꽃과 암꽃이 다른 개체에서 생기는 식물을 '암수딴그루' 또는 '자웅이주'라 한다. 풀 형태 식물에서는 드물지만, 머위, 시금치 등이 이에 해당한다. 이와 상반되는 개념으로 '암수한그루'가 있다. 암꽃과 수꽃이 하나의 같은 개체에서 피는 것을 말한다. 한자로는 '자웅동주', '자웅일가'라 한다.

없는데, 곰취는 잎에 윤이 나는 것이 특징이다. 머위와 곰취의 어린순은 봄철에 나물로 먹는다.

왜당귀

갯기름나물(방풍나물)

왜당귀와 갯기름나물은 모두 산형과 식물이고, 6월~8월 무렵 줄기 끝에 흰색 꽃들이 무리 지어 달린다. 방풍나물이라고도 하는 갯기름나물은 주로 바닷가나 냇가에서 자란다. 잎은 모두 깃꼴겹잎인데, 모양이 다르다. 왜당귀는 작은 잎의 끝이 뾰족하고 가장자리에 톱니가 나 있다. 갯기름나물도 작은 잎에 톱니가 있으나 얇은 편이고, 잎이 넓고 둥글다.

산형(傘形)과 식물이라고 할 때, 한자로 '산(傘)'은 우산을 가리킨다. 왜당귀와 갯기름나물을 비롯하여 천궁, 사상자, 섬바디, 궁궁이, 구릿대 등의 산형과 풀꽃은 꽃이 우산 모양을 이룬다. 이들 풀꽃은 꽃대의 끝에 많은 꽃자루가 방사상으로 나와 꽃이 우산살처럼 퍼져 피는 것이 특징이다.

여러 종의 제비꽃

제비꽃에 대해 아세요?

잎과 꽃으로 각양각색의 제비꽃 구별해보기

제비꽃은 우리나라에 자라는 식물 중에서 그 수가 많은 들꽃 중 하나입니다. 전국에 60여 종이 분포한다고 합니다. 봄에 제비가 오듯 봄이면 어김없이 때를 놓치지 않고 피어나는 제비꽃은, 기온이나 계절에 따라 모양이나 꽃의 색이 변화되는 것을 볼 수 있습니다.

제비꽃은 색 변이가 매우 다양해 색만으로 종을 정하기 어려운 부분이 있지만, 크게 자주색 계열과 흰색 계열로 나눠 볼 수 있습니다. 자주색 계열에 호제비꽃, 왜제비꽃, 고깔제비꽃, 알록제비꽃, 졸방제비꽃, 광릉제비꽃, 낚시제비꽃 등이 있습니다. 흰색 계열에는 잔털제비꽃, 흰젖제비꽃, 흰제비꽃, 흰들제비꽃, 콩제비꽃, 남산제비꽃, 금강제비꽃, 태백제비꽃, 단풍제비꽃 등이 있습니다. 여기서는 몇 가지만 소개합니다.

제비꽃

봄에 제비가 날아올 무렵에 핀다고 하여 제비꽃이라 한다. 꽃의 생김이 오랑캐의 머리 모양을 닮았다고 하여 '오랑캐꽃'[3]이라고 하기도 한다. 산과 들에서 10cm 정도 자란다. 제비꽃은 친화성이 높아 산과 들에서뿐만 아니라 사람의 손길이 미치는 인가에서 자라기도 한다. 잎은 밑동에서 뭉쳐나며 피침형이다. 꽃은 보라색 혹은 짙은 자주색이며 4~5월에 핀다. 잎 사이에서 가늘고 긴 꽃줄기가 나와서 그 끝에 꽃이 한 개씩 옆을 향하여 달린다.

둥근털제비꽃

잎이 둥글고 전체에 털이 많아 둥근털제비꽃이다. 우리나라 제비꽃 중에서 가장 먼저 핀다고 한다. 잎이 나기도 전에 3월부터 꽃이 먼저 핀다. 꽃은 연한 자주색 또는 흰색이고, 꽃잎 안쪽에 털이 나 있다.

3) 이용악 시인이 1947년에 발표한 〈오랑캐꽃〉이라는 시에 이런 문구가 나온다. "긴 세월 오랑캐와의 싸움에서 살았다는 우리의 머언 조상들이 너를 불러 '오랑캐꽃'이라 했으니 어찌 보면 너의 뒷모양이 머리채를 드린 오랑캐의 뒷머리와도 같은 까닭이라 전한다."

콩제비꽃

산이나 들의 그늘 또는 음지에서 군락을 이루며 자란다. 꽃이 매우 작아 '콩제비꽃'이라 한다. 잎은 심장형이며 가장자리에 톱니가 있다. 꽃은 흰색이나 연한 자주색으로 피며 안쪽 꽃잎에 자주색 줄무늬가 있다.

고깔제비꽃

꽃이 필 무렵에 잎의 밑부분이 안쪽으로 말려서 고깔 모양이 되기 때문에 '고깔제비꽃'이라 한다. 산 중턱의 양지바른 곳이나 나무 아래 그늘에서 잘 자란다. 잎은 뿌리에서 모여 나고, 심장 모양이다. 꽃은 전체가 연한 자주색을 띤다.

잔털제비꽃

산의 습기가 많은 곳에서 6~12cm로 자란다. 잎은 달걀 형태의 둥근 모양이고, 가장자리에 톱니가 있다. 꽃은 흰색이고, 꽃잎 안쪽에 자주색 줄무늬가 있다. 잎의 양면과 꽃자리에 털이 많은 것이 특징이다.

흰젖제비꽃

산과 들의 풀밭이나 빈터에서 10cm 정도 자란다. 잎은 크고 뾰족한 삼각형이다. 4~5월에 잎 사이에서 나온 꽃줄기 끝에 한 송이씩 달린다. 우유처럼 흰 꽃이 핀다고 하여 '흰젖제비꽃'이라 한다. 흰젖제비꽃과 마찬가지로 흰색 꽃이 피는 '흰제비꽃'이 있다. 이 제비꽃은 대개 고지대에서 자라고, 잎이 길쭉한 것이 특징이다.

흰들제비꽃

주로 저지대 들판에서 자라며, 잎은 긴 삼각형 모양을 띤다. 꽃잎과 꽃받침이 다섯 장이며, 수술이 5개이다. 흰젖제비꽃과 달리 꽃잎 앞면에 선명한 줄무늬가 나 있다. 꽃이 지고 나면 잎은 화살촉 모양으로 변한다. 다른 제비꽃들에 비해 씨앗과 뿌리가 연한 갈색을 띠는 것이 특징이다.

우리는 이렇게 달라요

"냉이/다닥냉이, 씀바귀/고들빼기, 봄망초/개망초, 개망초/미국쑥부쟁이, 지칭개/조뱅이, 황금낮달맞이꽃/달맞이꽃, 나팔꽃/메꽃, 토끼밥/괭이밥, 들깨/참깨, 쑥부쟁이/개쑥부쟁이, 구절초/샤스타데이지"

풀꽃 중에는 서로 비슷하게 생긴 것들이 더러 있습니다. 비슷해 보여도 풀꽃은 저마다 개별적 특징이 있습니다. 서로 비슷한 풀꽃은 잎 모양, 꽃 모양, 꽃차례, 키, 자라는 환경, 개화 시기 등으로 구분합니다. 그냥 봐서는 구분하기 어려운 것이 있기 때문에 몸을 낮추고 더 가까이 다가가 세심하게 살펴야 합니다.

무식한 놈

안도현

쑥부쟁이나 구절초를
구별하지 못하는 너하고
이 들길 여태 걸어왔으니

나여, 나는 지금부터 너하고
절교다!

(1) 냉이와 다닥냉이

3월 꽃이 피기 전에 뿌리째 캐서 나물이나 국으로 먹는 풀꽃 중 대표적인 것이 '냉이'입니다. 꽃이 피면 뿌리와 줄기가 억세져 먹지는 않지만, 꽃이 작고 예쁩니다. 냉이의 종류에는 여러 가지가 있는데, 다음에 제시하는 냉이는 들에서 흔하게 볼 수 있습니다. 이들이 어떻게 다른지 들여다봅니다.

냉이

다닥냉이

냉이 종은 잎이 뿌리잎과 줄기잎으로 구분된다. 뿌리에서 나는 잎은 방사상으로 퍼지고, 줄기에서 나는 잎은 어긋나게 자라며 끝으로 갈수록 작아진다. 원줄기와 가지 끝에서 흰색의 작은 꽃들이 달린다. 이 둘은 열매 모양이 다르다. 냉이의 열매는 평편한 삼각형의 형상으로 하트 모양에 가깝다. 다닥냉이는 동글납작한 열매가 줄줄이 달린다. 열매 모양이 다닥냉이와 비슷한 말냉이가 있는데, 말냉이 열매는 조금 큰 편이며, 끝이 오목하게 패인 원반 모양이다.

(2) 씀바귀와 고들빼기

봄에 지천으로 피는 '씀바귀'라는 풀꽃이 있습니다. 이 꽃과 크기나 모양이 비슷한 '고들빼기'가 있습니다. 아래의 왼쪽은 '씀바귀'이고, 오른쪽은 '고들빼기'입니다. 무엇이 어떻게 다른지 살펴봅니다. 둘 다 노란 꽃이 피지만, 분명히 다른 풀꽃입니다.

씀바귀 고들빼기

씀바귀와 고들빼기는 5월 봄에 노란 꽃이 핀다. 꽃잎을 보면 씀바귀가 성글고, 고들빼기 꽃잎은 촘촘하다. 씀바귀는 밑부분의 뿌리잎이 풍성하고, 잎의 끝이 둥글다. 반면 고들빼기는 뿌리잎이 빈약하며, 잎 가장자리에 톱니가 나 있고, 잎의 끝이 뾰족하다. 특히 고들빼기는 잎이 줄기를 감싸고 있어 마치 줄기가 잎을 뚫고 나온 것처럼 보인다.

(3) 봄망초와 개망초

꽃 모양이 달걀 프라이를 닮은 꽃이 있습니다. 봄에 피는 봄망초와 여름에 피는 개망초는 꽃이 피었을 때 가장자리의 흰 꽃잎과 가운데의 노란 꽃술을 보면 계란과 유사해 '계란꽃'이라고 합니다. 북아메리카 원산지로 한일합방 즈음에 북미에서 들어온 귀화식물인데, 번식력이 강해 산과 들, 길가에 무성하게 자랍니다.

봄망초 개망초

- 봄망초는 봄(4~6월)에 피고, 개망초는 6~9월에 핀다.
- 봄망초는 혀꽃(꽃의 하얀 부분)이 개망초보다 배 이상 많고 가늘다.
- 봄망초는 원줄기가 곧게 뻗고, 개망초는 비스듬히 서기도 한다.
- 개망초와 달리, 봄망초는 줄기의 속이 비어 있다.
- 개망초는 봄망초보다 줄기 가지가 더 많이 갈라진다.

망초다. 봄망초, 개망초와 마찬가지로 북아메리카 원산이며, 빈터에서 50~200cm 정도로 자란다. 전체에 거친 털이 있고, 줄기는 곧게 선 장대 모양이다. 망초 종으로 보면 봄망초(5월)가 꽃이 제일 먼저 피고, 개망초(6월), 망초(7월) 순으로 꽃이 핀다. 망초는 원줄기에서 가지가 많이 갈라지고, 꽃송이가 달걀 프라이 모양이 아니며 자잘하다. 마지막 사진에는 개망초와 망초가 함께 있는 것을 볼 수 있다.

(4) 개망초와 미국쑥부쟁이

미국쑥부쟁이 꽃은 개망초를 많이 닮았습니다. 자세히 보지 않으면 헷갈릴 수 있습니다. 개망초는 꽃 중앙으로 혀꽃들이 촘촘하게 달려 있는데, 이와 달리 미국쑥부쟁이는 혀꽃들이 조금씩 벌어져 있습니다. 잎 모양을 보면 개망초는 잎이 긴 타원형인데, 미국쑥부쟁이는 좁은 선형입니다.

개망초

미국쑥부쟁이

(5) 지칭개와 조뱅이

5~8월경 밭이나 들에서 꽃을 피우는 지칭개와 조뱅이가 있습니다. 이 둘은 가지와 줄기 끝에서 연한 보랏빛의 꽃이 한 송이씩 달립니다. 곧게 자라고 꽃의 모양도 비슷해 종종 혼동하기도 합니다. 아래 왼쪽이 지칭개이고, 오른쪽은 조뱅이입니다. 어떤 점이 다른지 살펴 봅니다.

지칭개

- 높이 60~80cm(키가 큼)
- 줄기가 털이 없이 매끈함
- 잎 뒷면에 하얀 솜털이 나 있음
- 줄기 중간의 잎은 긴 타원형이지만 위로 갈수록 깃꼴로 깊게 갈라짐(가장자리에 톱니가 있으나 가시는 없음)

조뱅이

- 높이 25~50cm(키가 작음)
- 줄기에 거미줄 같은 털이 나 있음
- 잎 앞면에 하얀 솜털이 나 있음
- 잎은 긴 타원형으로 가장자리에 가시와 톱니가 나 있음

엉겅퀴

(6) 황금낮달맞이꽃과 달맞이꽃

'달맞이'라는 말이 들어가는 꽃이 있습니다. 아래 왼쪽은 낮달맞이꽃의 일종인 '황금낮달맞이꽃'이고, 오른쪽은 '달맞이꽃'입니다. 두 종의 꽃은 모두 북아메리카 원산의 귀화식물로 노란 꽃이 피지만, 황금낮달맞이꽃은 아침에 피었다가 저녁에 지는 반면, 달맞이꽃은 저녁에 피었다가 아침에 집니다. 황금낮달맞이꽃은 5월 봄에 꽃이 피며, 달맞이꽃은 7월 여름에 꽃이 핍니다. 키로 보면, 앞의 꽃이 30cm 정도이고, 뒤의 꽃은 50~90cm로 달맞이꽃이 훨씬 큽니다. 낮달맞이꽃에는 노란 꽃 말고 분홍색 꽃이 피는 분홍낮달맞이꽃도 있습니다.

황금낮달맞이꽃

달맞이꽃

(7) 나팔꽃과 메꽃

메꽃과 나팔꽃은 메꽃과 덩굴 식물입니다. 메꽃은 우리나라에서 자생하는 토종 식물로, 5~6월에 연분홍색 꽃이 핍니다. 나팔꽃은 인도가 원산지로 중국에서 전래 되어 우리나라에 널리 재배되고 있습니다. 나팔꽃은 7~8월 여름에 분홍색 외에 하늘색, 보라색, 흰색 등 다양한 색상으로 핍니다.

두 꽃은 깔때기 모양으로 비슷하게 생겼지만, 여러 면에서 차이가 있습니다. 나팔꽃은 일년생인 한해살이풀이고, 메꽃은 다년생인 여러해살이풀입니다. 나팔꽃이 아침 일찍 피는데, 메꽃은 대낮에 꽃이 핍니다. 메꽃은 낮에 피고 저녁에 시든다고 하여 일본에서는 주안화(낮얼굴꽃)라 합니다. 이 둘은 잎 모양에서 확연히 차이가 납니다. 나팔꽃의 잎은 대개 심장 모양이거나 세 갈래로 깊이 갈라지는데, 메꽃은 잎이 로켓 모양을 하고 있습니다.

나팔꽃

메꽃

(8) 토끼풀과 괭이밥

토끼풀과 괭이밥은 5월 봄부터 여름까지 풀밭에서 흔하게 볼 수 있는 풀입니다. 흔히 클로버라고도 하는 토끼풀은 토끼가 잘 먹어서 토끼풀이라 하고, 고양이가 배가 아프거나 소화가 안 될 때 먹는다고 해서 괭이밥이라 합니다. 이 둘은 피는 시기가 비슷하고 잎 모양도 비슷해 헷갈리기도 합니다. 어떤 부분이 다른지 유심히 살펴 봅니다.

토끼풀	괭이밥

꽃자루 끝에 원형의 흰색 꽃이 핌 하얀 줄무늬가 들어가 둥근 타원형의 잎 모양 꽃말은 '행운', '평화'	꽃자루 끝에 홑겹의 노란색 꽃이 핌 심장 모양(하트 모양)의 잎 모양 꽃말은 '빛나는 마음'

- 토끼풀과 괭이밥은 땅을 기어 다니면서 번식을 하며, 3개의 잎을 지니고 있다. 토끼풀의 경우 일시적 기형 현상으로 네 장이 나기도 하는데, 사람들은 행운의 클로버라 여긴다.
- 붉은색 계열의 '붉은토끼밥', '덩이괭이밥'이 있다.

4) 네 잎 클로버의 꽃말과 관련한 이야기가 있다. 전쟁터에 나가 있던 나폴레옹이 발밑에 피어 있는 네 잎 클로버를 신기하게 생각하고 허리를 숙였는데, 마침 그때 그를 향한 총알이 몸 위로 지나간다. 나폴레옹은 운 좋게도 네 잎 클로버 때문에 목숨을 구할 수 있었다.

(9) 들깨와 참깨

들깨와 참깨는 옛날부터 전국적으로 많이 재배되는 작물입니다. 식물체 전체에 털이 나 있고, 여름에 꽃이 핍니다. 씨를 짜서 기름을 만듭니다. 우리가 쌈으로 먹는 깻잎이 들깨의 잎입니다. 참깨는 잎을 수확해서 먹지는 않습니다. 들깨의 경우, 통일신라 시대에 널리 심었다는 문헌 기록이 있습니다.

들깨

- 꿀풀과 한해살이풀로 1m 내외로 자람
- 7~8월에 원줄기와 가지 끝에 작은 입술 모양의 흰색 통꽃이 달림
- 씨를 짠 기름을 '들기름'이라 함

참깨

- 참깨과 한해살이풀로 1m 내외로 자람
- 7~8월에 흰색 바탕에 연한 자줏빛의 꽃이 윗부분 잎겨드랑이에 달림
- 씨를 짠 기름을 '참기름'이라 함

(10) 쑥부쟁이와 개쑥부쟁이

가을에 피는 대표적인 들국화로 쑥부쟁이가 있습니다. 우리가 흔히 말하는 쑥부쟁이라고 하는 것은 엄밀히 말하면 개쑥부쟁이입니다. 쑥부쟁이와 개쑥부쟁이는 가을에 연보라빛 꽃이 피지만, 서식지나 생김새가 다릅니다. 쑥부쟁이는 산과 들의 습한 곳에서 자라고, 개쑥부쟁이는 건조한 곳에서 잘 자랍니다. 쑥부쟁이는 전체적으로 털이 거의 없이 매끈하고, 잎 가장자리에 톱니가 있습니다. 이와 달리 개쑥부쟁이는 털이 많고, 잎 가장자리는 밋밋하거나 얕은 톱니가 있습니다. 잎 모양은 양쪽이 뾰족한 피침 모양입니다.

쑥부쟁이와 개쑥부쟁이는 꽃을 받치고 있는 총포로도 구분할 수 있습니다. 꽃대 끝에서 끝의 밑동을 싸고 있는 비늘 모양의 조각을 '총포'라고 합니다. 쑥부쟁이는 꽃을 받치는 총포가 꽃잎에 밀착하여 반듯한 느낌을 줍니다. 반면 개쑥부쟁이는 총포가 무질서하게 자리하고 있습니다.

쑥부쟁이

개쑥부쟁이

(11) 구절초와 샤스타데이지

구절초

구절초는 가을에 피는 대표적인 들국화입니다. 들국화라는 꽃이 별도로 있지는 않고, 가을에 산이나 들에 피는 국화과 종류를 통틀어 말합니다. 구절초는 개화 시기나 꽃 모양이 비슷한 쑥부쟁이와 종종 헷갈리기도 하지만, 쉽게 구분이 됩니다. 구절초는 꽃대 하나에 하나의 꽃만 피고, 꽃은 흰색이 많고 연한 분홍꽃도 있습니다. 쑥부쟁이는 꽃대 하나에 여러 꽃이 피고, 꽃은 보라색입니다. 구절초는 잎이 국화 잎을 닮았고, 꽃에 국화 향이 납니다. 쑥부쟁이 꽃은 향기가 덜 합니다.

샤스타데이지

샤스타국화라고도 하는 샤스타데이지입니다. 미국의 육종학자 루터 버뱅크가 프랑스의 들국화와 동양의 섬국화를 교배하여 만든 개량종입니다. 이 꽃은 우리나라 구절초와 마찬가지로 흰 꽃이 피고 꽃의 크기와 모양이 비슷합니다. 가장 큰 차이점은 꽃 피는 시기입니다. 샤스타데이지는 5~7월에 피는 데 반해, 구절초는 가을인 9~10월에 핍니다. 잎 모양에서도 차이가 있습니다. 자생 야생화인 구절초와 달리 샤스타데이지는 잎이 길쭉한 피침형이고, 가장자리에 톱니가 나 있습니다.

16장

꽃이랑 놀기

좋아하는 색의 꽃 살펴보기

여러분은 어떤 색을 좋아하나요? 꽃은 여러 색으로 피어납니다. 흰 꽃, 노란 꽃, 빨간 꽃, 연분홍 꽃, 주황색 꽃, 보라색 꽃, 자주색 꽃 등으로 세상을 환하게 합니다. 자신이 좋아하는 색 하나를 찾아, 그 색의 꽃을 3가지 정도 제시해 봅니다. 그리고 이들 꽃에 대해 알고 있는 사실을 말해 봅니다. 아는 만큼 보이겠지요. 이걸 하기 싫거나 꽃에 아는 것이 많지 않으면 다음 페이지로 넘어가도 좋습니다.

좋아하는 색		
좋아하는 색의 꽃		
1		☆ ☆ ☆
2		☆ ☆ ☆
3		☆ ☆ ☆

노랑꽃창포

분홍낮달맞이꽃

쑥부쟁이

구절초

나비가 찾은 꽃 떠올려보기

나비가 꽃을 찾아다닙니다. 나비는 어떤 꽃을 좋아할까요? 여러분이 좋아하는 음식처럼 좋아하는 꽃이 있지 않을까요? 시에 나오는 '나비'가 어떤 꽃송이에 앉았을지를 상상해보고, 그 정경을 떠올려 그려 봅니다.

<table>
<tr><td>함민복
'나를 위로하며'</td><td>삐뚤삐뚤
날면서
꽃송이를 찾아 앉는
나비를 보아라

마음아</td></tr>
<tr><td colspan="2">나비야 어딜 가니?</td></tr>
</table>

식물이 씨를 맺으려면 '꽃가루받이'라는 수분(受粉) 과정이 필요하다. 꽃에서 수술의 꽃가루가 암술머리에 옮겨 열매를 맺게 하는 현상을 수분이라 한다. 꽃은 수분을 도와줄 매개자를 필요로 하는데, 그중 하나가 벌과 나비이다. 벌과 나비가 이 꽃 저 꽃을 돌아다니며 꿀을 얻는 동안 그들의 몸에 꽃가루를 묻혀 다니며 수분을 도와준다.

꽃은 특유의 향기로 곤충들을 유인하는데, 나비는 색깔을 구분한다고 한다. 나비 중에는 빨간색을 좋아하는 종류가 있는가 하면 노란색을 좋아하는 종류도 있고, 흰색이나 보라색을 좋아하는 종류가 있다. 나비도 벌과 마찬가지로 색깔이나 향기에 따라 좋아하는 꽃이 있다.

사진 속의 호랑나비가 찾은 꽃은 '끈끈이대나물'이다. 유럽 원산으로 초여름부터 줄기 끝에 붉은색이나 흰색 꽃이 달린다. 이 꽃은 영어로 파리를 잡는 풀이라는 의미로 '캐치플라이(catchfly)'라고도 한다. 꽃이 달린 줄기 위쪽에 엷은 갈색 띠가 있는데, 이곳에서 끈끈한 점액을 분비하여 호랑나비와 같은 곤충을 유인한다.

끈끈이대나물

큰금계국

부처꽃

털중나리

구와꼬리풀

꽃에 대한 편견 깨기

한쪽으로 치우친 생각을 편견(偏見)이라고 합니다. 좁은 식견과 독선은 편견이 되며, 고정관념을 만듭니다. 자신이 알고 있는 것이 모두 옳으며 전부라는 생각은 자신을 어리석은 사람으로 만들 뿐만 아니라 다른 사람을 불편하게 합니다. 그래서 겸손한 자세로 세상을 넓게, 깊게 바라보아야 합니다. 고집스러운 편견의 알을 깨고 나올 때 자신의 오만을 인식하고 새로운 세계를 마주할 것입니다.

하나	민들레 꽃은 모두 노란색이다.

민들레 종에 흰색 꽃이 피는 '흰민들레'가 있다. 우리가 봄에 주변에서 보는 노란 민들레는 대개 서양민들레다. 들이나 풀밭에서 드물게 피는 흰민들레는 한국 특산 식물이다.

둘	토끼풀의 꽃은 모두 흰색이다.

흔히 클로버라고 불리는 토끼풀은 원산지가 유럽이며, 약 23종이 있다. 우리가 흔히 풀밭에서 보는 토끼풀은 5월 봄쯤 흰색 꽃이 핀다. 토끼풀의 한 종으로 붉은 꽃이 피는 '붉은토끼풀'이 있다. 토끼풀처럼 잎 표면에 흰 무늬가 있지만, 토끼풀에 비해 그 수가 적다. 토끼풀은 4월 봄부터 9월까지 꽃이 피고, 붉은토끼풀은 대개 6~8월 여름에 꽃이 핀다.

셋	제비꽃은 봄에만 핀다.

제비가 오는 봄에 핀다고 하여 제비꽃이라 하는데, 위 사진 속 제비꽃은 10월 가을에 본 것이다. 꽃이 흰색인 제비꽃(흰젖제비꽃)은 10월 20일, 보라색 제비꽃은 10월 27일에 찍은 것이다.

넷	코스모스는 가을에만 핀다.

가을날의 풍경이 아니다. 5월에 본 코스모스다. 코스모스는 멕시코 원산으로 보통 6월~10월에 꽃이 핀다. 코스모스는 가을바람에 꽃을 살살 흔들면서 피

어난다고 '살살이꽃'이라고도 한다. 갓[1] 속에서 피어 있는 코스모스가 마치 닭 무리에 있는 한 마리 학처럼 아름다움을 뽐낸다. 아래는 7월에 핀 노랑코스모스다.

다섯 | 풀꽃은 깨끗한 곳에서만 자란다.

만수국아재비

털별꽃아재비

1) 327쪽 위의 두 장의 사진에 나와 있는 갓은 배춧과 식물로 1m가량 곧게 서며 4~5월 봄에 노란 꽃이 핀다. 줄기와 잎은 매운맛과 상쾌한 맛이 있어 채소로 그냥 먹기도 하고 갓김치를 담가 먹기도 한다.

풀꽃 중에는 청정한 산속에서 자라는 야생화가 있지만, 사람들이 다니는 길가나 황폐한 빈터에서 자라는 풀꽃도 있다. 외국에서 건너온 귀화식물은 자동차 매연이 가득한 도로변에서도 산다. 쓰레기매립장과 같은 더러운 곳에서도 번식하는 외래종도 있다. 멕시코 이남 남미가 원산인 '만수국아재비'는 고약한 냄새가 나는 쓰레기더미에서도 서식하여 '쓰레기풀'로 불린다.

중남미 열대 아메리카 원산의 '털별꽃아재비'는 쓰레기더미가 있는 지저분한 곳이라도 수분 환경만 보장된다면 왕성하게 자란다. 이렇게 귀화식물은 작열하는 태양열에 노출되어 스트레스가 발생하는 바닷가에서부터 쓰레기매립장에 이르기까지 거칠고 험한 곳에서도 살기도 한다.[2)]

여섯	풀꽃은 한 계절에 꽃이 핀다.

풀꽃은 특정 계절에 한해 피는 것이 대부분이어서 봄꽃, 여름꽃, 가을꽃과 같이 구분하기도 한다. 하지만 풀꽃 중에는 한 계절이 아닌 두 계절, 세 계절에 걸쳐 피는 것도 있다. 애기똥풀이나 벌노랑이, 괭이밥과 같이 생육 기간에 여러 번 반복해 피는 꽃도 있다. 이들 풀꽃은 4, 5월 봄에서부터 10월 가을까지 꽃이 핀다. 3~8월의 개화기 동안 반복해 피는 개쑥갓은 따뜻한 남부지방에서는 2월에도 꽃이 핀다.

2) 김종원, 『한국식물생태도감1 주변에서 늘 만나는 식물』, 자연과생태, 2013, 171~174쪽

애기똥풀

벌노랑이

괭이밥

개쑥갓

일곱	꽃이 핀 풀꽃은 항상 꽃잎이 열려 있다.

풀꽃 중에는 빛의 에너지에 따라 꽃잎을 오므리는 식물이 있다. 선씀바귀는 햇살이 충분할 때 꽃잎을 열고, 해가 기울기 전에 꽃잎을 닫는 수면 운동을 한다.[3] 같은 국화과인 이고들빼기는 아침 햇볕이 강하게 내리쬐면 꽃이 피기 시

3) 김종원, 위의 책, 499쪽

작하고 어두워지면 꽃잎을 닫는다. 수생 생물인 수련은 밤에 잠이 드는 습성이 있어 밤에 꽃이 오므라든다. 그래서 한자로 잠잘 수(睡)를 써 잠자는 연꽃이라는 의미로 수련(睡蓮)이라 한다. 이와 반대로 칠레 원산의 달맞이꽃은 밤에만 꽃이 피고 낮에는 꽃이 오므라든다. 고온의 햇빛이 있는 상태에서는 꽃이 필 수 없는 유전적 특성을 지녔기 때문이다. 분홍낮달맞이꽃, 애기낮달맞이꽃 등과 같은 낮달맞이꽃은 낮에도 활짝 꽃이 핀다.

여덟	제시한 꽃은 모두 한 송이 꽃이다.

큰금계국

노랑코스모스

해바라기

큰금계국, 노랑코스모스, 해바라기는 쑥부쟁이, 국화, 구절초, 고들빼기 등과 마찬가지로 국화과 풀꽃이다. 국화과 풀꽃은 통상화와 설상화로 이루어진 두상화다. 두상화는 특정 꽃의 명칭이 아니라 꽃이 피는 모양을 일컫는 식물학 용어다. 두상화(頭狀花)란 꽃대 끝에 많은 작은 꽃이 모여 피어 머리 모양을 이룬 꽃을 말한다. 그냥 보기에는 줄기 끝에 한 송이처럼 보이지만, 실상은 여러 꽃이 꽃대 끝에 모여 머리 모양을 이루고 있는 것이 두상화다.

위 사진에 나와 있는 세 종류의 꽃은 모두 가운데 수많은 꽃이 피어 있다. 중앙부의 꽃을 이르는 명칭이 있다. 통과 같이 생겨 '통상화(筒狀花)' 또는 '통꽃'이라 한다. 통상화는 긴 관처럼 생겨 '관상화(冠狀花)', 대롱같이 생겨 '대롱꽃'이라고도 한다. 통상화는 암술과 수술이 있어 씨앗을 만드는 진짜 꽃이다. 통상화 주변으로 빙 둘러 있는 꽃잎 같은 것이 설상화다. 설상화(舌狀化)는 혓바닥 모양의 꽃이라는 뜻으로 '혀꽃'이라고도 한다. 우리가 흔히 꽃잎이라고 알고 있는데, 실은 이것은 꽃잎이 아니라 꽃이다.

국화과 꽃은 두상화로서 한 송이 꽃이 아니라 통상화와 설상화로 이루어진 꽃다발이라 할 수 있다. 풀꽃 중에는 관상화로만 또는 설상화로만 이루어진 꽃이 있다.

해바라기 통꽃에 앉은 꿀벌

잎을 그려봐 주세요

꽃이나 나무에게 잎은 아주 중요한 기능을 합니다. 식물은 잎을 통해 숨을 쉬지요. 잎의 숨구멍을 통해 공기 중에 있는 이산화탄소를 받아들이고 산소를 내보냅니다. 숨구멍으로 빨아들인 이산화탄소와 뿌리에서 흡수한 물로 잎은 녹말이나 포도당 등의 양분을 만듭니다. 잎은 호흡 작용을 통해 생명 활동에 필요한 이산화탄소, 물, 에너지를 얻습니다.

또 잎을 통해 식물체의 수분을 항상 일정하게 유지하여 체온을 조절하고, 남는 물을 밖으로 내보냅니다. 뿌리로부터 빨아올린 물은 뿌리, 줄기, 잎을 지나 수증기가 되어 몸 밖으로 나가게 됩니다. 그래서 잎을 모두 떼어버리면 식물은 곧 생기를 잃고 시들어 버립니다.

이렇게 중요한 것이 잎입니다. 잎을 한번 그려 봅니다. 풀꽃 잎 전체를 그리지 않아도 됩니다. 잎사귀 하나라도 그 꽃의 특징을 살펴 그려 봅니다.

오이풀

잎은 깃꼴겹잎을 이루며, 작은 잎은 긴 타원형이며 가장자리에 규칙적으로 톱니가 나 있다. 잎이나 줄기를 비비면 오이 냄새가 난다고 하여 오이풀이라 한다. 7~10월에 위에서 아래로 짙은 자주색 꽃이 핀다.

금꿩의다리

잎은 깃꼴겹잎 또는 삼출엽을 이룬다. 작은 잎은 작은 달걀모양이고 끝이 2~3갈래로 갈라진다. 7~9월에 연한 자주색의 꽃이 피는데, 수술이 많고 노랗다. 노란 수술이 마치 금이 매달려 있는 것처럼 보여 '금꿩의다리'라 한다.

터리풀

1m 내외로 곧게 자라며, 잎은 손 모양으로 5~7갈래로 갈라진다. 6~8월에 연분홍빛이 도는 흰 꽃이 줄기 끝에 수없이 많이 모여 달린다. 꽃 모양이 먼지털이와 비슷하다고 붙여진 이름이다. 한국 특산종으로 경상북도, 경상남도, 강원도, 경기도 등지에 분포한다.

톱풀

잎은 넓은 선형으로 잎 가장자리에 거친 톱니가 있어 톱풀이라 한다. 120cm 정도로 곧게 자라고 위쪽에서 가지가 많이 갈라진다. 7~10월에 흰 꽃이 핀다. 줄기 끝에 머리 모양의 꽃을 이룬다. 꽃 색이 분홍색, 붉은색, 노란색 등으로 피는 꽃은 원예종이다.

풀거북꼬리

쐐기풀과 식물인 '거북꼬리'의 변종으로 산지의 숲 가장자리에서 1m 정도로 자란다. 줄기는 붉은빛을 띠며 위쪽에 짧은 털이 나 있다. 잎의 끝이 3개로 갈라지는 거북꼬리와 달리, 갈라지지 않고 잎의 끝이 거북의 꼬리처럼 뾰족하게 나와 있다. 7~9월에 흰색 또는 녹색을 띤 꽃이 잎겨드랑이에서 이삭과 같은 모양으로 달린다.

연잎과 연꽃

꽃의 성장 살펴보기

꽃도 우리처럼 성장합니다. 성장은 변화입니다. 들이나 풀밭의 꽃이든 꽃가게에서 산 꽃이든 시간을 두고 꽃의 성장을 관찰해 봅니다. 어떤 변화가 일어나고 있는지 눈을 크게 뜨고 살펴봅니다. 작은 것에 대한 관심과 애정은 우리의 마음을 키웁니다.

사진 속 꽃은 '꽃기린'이다. 꽃이 솟아오른 모양이 기린을 닮아 붙인 이름이다. 남아프리카 마다가스카르 섬 원산의 다육식물로 관상용으로 화분에 많이 심는다. 2m까지 덩굴처럼 자라며, 봄부터 가을까지 작은 깔때기 모양의 꽃이 잎겨드랑이에서 핀다. 줄기와 가지에 가시가 나 있는데, 이 꽃의 영문명인 'Crown of Thorns'은 예수님의 가시면류관을 뜻한다. 가시로 만든 관을 쓰고 예수님이 고난을 당한 것과 연관 지어 꽃기린은 예수님의 꽃이라는 별명이 있다. 꽃말은 '고난의 깊이를 간직하다'이다.

첫 모습	언제	
변화 1	언제	
변화 2	언제	
변화 3	언제	

'언제'의 아래 빈칸에 풀꽃의 모습을 그려봅니다.

함께 꽃을 그려 봐요.

식물을 연구하는 방법 중에 식물을 세밀하게 그리는 것이 있습니다. 가장 기초적인 방법으로 흔히 행하는 식물 채집이나 사진 촬영은 눈으로 직접 확인할 수 있는 장점이 있지만, 세밀한 부분까지 살피지 못하는 단점이 있습니다. 식물 세밀화는 살아있는 식물의 해부학적인 미세한 구조를 비롯하여 사진으로 파악하기 어려운 부분을 그림으로 나타냅니다.

본래 사진기가 발전하기 전 식물의 특성을 기록하기 위해 시작되었지만, 사진기가 극도로 발전한 현재에도 세밀화가 사랑을 받는 것은 꽃을 보는 각도나 위치를 달리하면서 사진기가 표현하지 못하는 부분까지 그려낼 수 있기 때문입니다.[4)]

4) 윤경은 · 한국식물화가협회, 『세밀화로 보는 한국 야생화』, 김영사, 2012, 6쪽.

두 꽃의 그림은 『세밀화로 보는 한국 야생화』에서 가져온 것이다. 세밀화는 식물학적 측면에서 정밀한 관찰과 정확한 표현은 물론 회화적 요소를 가미하여 식물의 아름다움을 한층 돋보이게 할 수 있는 예술 작품이라 할 수 있다.

세밀화에서는 식물의 줄기, 잎, 꽃의 색을 실감 있게 나타내기 위해 채색까지 이루어지는데, 다음과 같이 색을 더하지 않고 식물의 형상을 아주 섬세하게 스케치하는 세밀화도 있다.

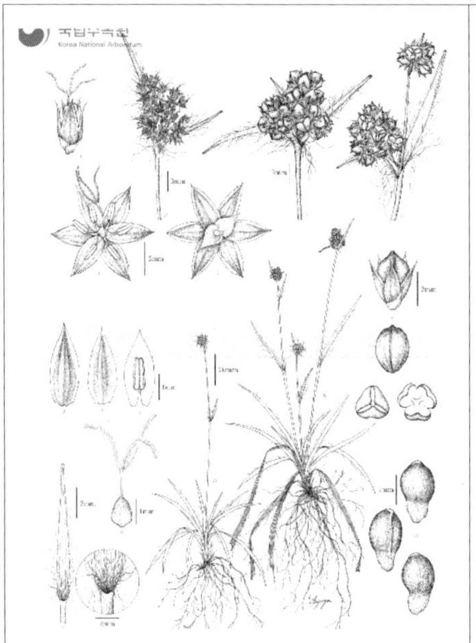

꿩의밥 세밀화

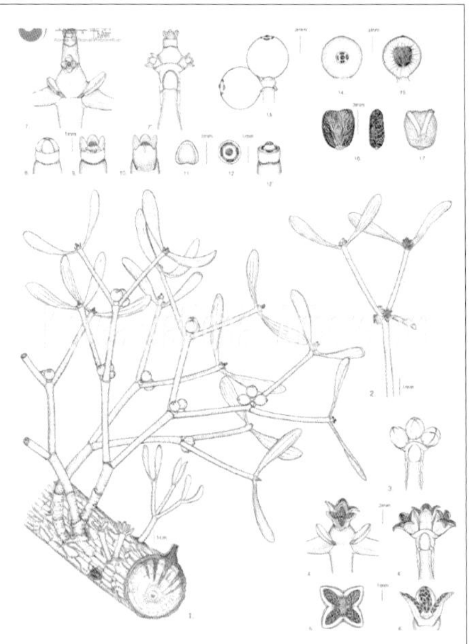

겨우살이 세밀화

출처 국가생물종지식정보시스템(www.nature.go.kr)

위의 '꿩의밥'은 볕이 잘 드는 산지의 풀밭이나 들에서 20cm 정도로 자라며, 4~5월이 되면 적갈색의 꽃이 핀다. 열매가 꿩의 먹이가 된다고 하여 붙인 이름이다. 겨우살이는 밤나무, 참나무, 자작나무 등에 기생하며, 50cm 정도로 자란다. 가지가 새 둥지같이 둥글게 자라 지름 1m에 해당하는 것도 있다. 겨울에도 녹색을 잃지 않고 살아남는다고 하여 '겨우살이'라고 하며, 다른 식물에 기생하므로 '기생목(寄生木)'이라고도 부른다.[5)]

산림청 국가수목원에서 운영하는 '국가생물종지식정보시스템'[6)]에 접속하여 식물의 이름으로 검색하면 해당 식물에 대한 세밀화를 볼 수 있다.

국가생물종지식정보시스템(www.nature.go.kr)에서 찾아본 '조선현호색' 세밀화

5) 김완규, 『아하! 포켓 야생화 도감』, 도서출판 지식서관, 2005, 26쪽.

6) 인터넷 포털사이트에서 '국립수목원' 또는 '국가생물종지식정보시스템'으로 검색하면 된다. 이 둘의 공식 사이트는 'www.nature.go.kr'이다. 환경부 산하 국립생물자원관에서는 매년 자생 동·식물 세밀화 공모전을 개최하여 수상작을 국립생물자원관 홈페이지(www. nibr.go.kr)에 게시하고 있다.

다음은 환경부 국립생물자원관에서 개최한 '자생 동 · 식물 세밀화 공모전'에서 입상한 작품이다. 홈페이지 상단에 있는 [알림 · 소통]에서 확인할 수 있다.

섬말나리 세밀화	우산이끼 세밀화

출처 국립생물자원관(www.nibr.go.kr)

"다섯 단계까지 그려 봐요"

꽃은 산, 나무, 바위, 하늘, 별, 달 등과 함께 자연을 이루는 요소입니다. 자연에는 인위적인 꾸밈이 없고, 남에게 잘 보이려는 위세도 없고, 남을 속이려는 거짓도 없습니다. 그 자체로 아름다운 것이 자연입니다. 꽃은 세상을 아름답게 수놓습니다. 꽃을 한번 그려 보세요. 연필이든 볼펜이든 색연필이든 무엇이든 상관없습니다. 못 그려도 좋으니 인내심을 갖고 5단계까지 해 봅니다. 잠시이지만 어릴 적 순수한 동심을 찾게 될 것입니다.

단계	미션	난이도
1단계	제비꽃 그려 보기	☆
2단계	가는장구채 그려 보기	☆☆
3단계	선씀바귀 그려 보기	☆☆☆
4단계	털중나리 그려 보기	☆☆☆☆
5단계	조선현호색 그려 보기	☆☆☆☆☆

제비꽃

노랑제비꽃

출처 국가생물종지식정보시스템(www.nature.go.kr)

1단계 제비꽃 그려 보기

[Point] 꽃의 형상을 세밀하게 살펴 그려 봅니다.

2단계 가는장구채 그려 보기

[Point] 꽃과 줄기를 살펴 그려 봅니다.

3단계 선씀바귀 그려 보기

[Point] 꽃의 크기와 꽃 간의 거리를 살펴 그려 봅니다.

4단계 털중나리 그려 보기

[Point] 하나의 꽃만 섬세하게 그려도 됩니다. '뭘 이런 걸 해' 이런 생각을 하거나 도전 정신이 없는 사람은 포기해도 됩니다.

5단계 조선현호색 그려 보기

[Point] 끝까지 최선을 다해 주세요. 4단계에 이어 5단계에서도 물러서지 않는 당신은 나중에 뭐가 되도 될 사람입니다.

핸드폰으로 꽃에 대한 정보 얻기

자신이 본 꽃의 이름을 알고 싶을 때 어떻게 하면 될까요? 가장 간단한 방법은 꽃을 잘 아는 분께 물어보면 됩니다. 그 자리에 함께 있지 않다면 휴대폰 카메라로 찍은 꽃 사진을 그분께 전송해 물어보면 되겠지요. 이렇게 하지 않고 해결할 수 있는 손쉬운 방법이 있습니다. '네이버 스마트렌즈'를 이용하는 것입니다. 먼저 핸드폰으로 네이버 포털 사이트에 접속합니다. 그러면 화면 아래 중앙에 작은 원 모양이 나옵니다. 여기를 클릭하면 '렌즈'를 찾을 수 있습니다.

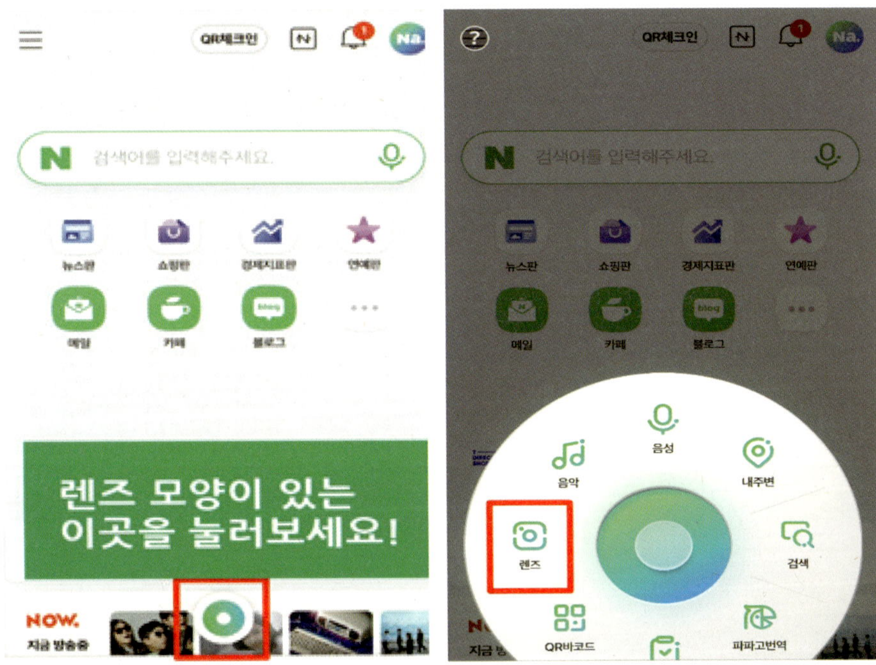

'렌즈'를 클릭하면 '스마트렌즈'가 나오고 이것을 이용해 자신이 보고 있는 꽃을 찍으면 꽃에 대한 정보가 나옵니다. 이 스마트렌즈를 이용하면 그 어떤 사물이든 그것에 대한 정보를 얻을 수 있습니다.

예전에 자신이 찍어 놓은 사진을 가지고 그것의 이름이나 정보를 알 수도 있습니다. '스마트렌즈'를 열면 바로 왼쪽에 아주 작은 네모 상자가 하나 보일 것입니다. 이 조그마한 네모 상자에 자신이 찍어 놓은 사진 하나가 있습니다. 여기를 클릭하면 사진 갤러리로 들어가고, 여기서 자신이 알고자 하는 사진을 누르면 이것에 대한 정보가 나옵니다.

그럼, 한번 연습을 해보겠습니다. 스마트렌즈를 이용해 아래의 사진 하나를 스마트폰으로 찍어봅니다. 참고로 말씀드리면 제시한 사진은 실물보다 크게 확대한 것입니다.

네이버스마트 렌즈로 알아낸 꽃 이름	

위 사진은 '맥문동'입니다. 네이버 스마트렌즈로 찍어 파악한 정보는, '지식백과'에 나와 있는 백과사전 정보입니다.

지식백과 학생백과

맥문동 麥門冬
외떡잎식물 여러해살이풀

외떡잎식물 백합목 백합과의 여러해살이풀. **맥문동**이라는 이름은 뿌리의 생김에서 따온 것이다. 뿌리는 한방에서 약재로 사용된다. 그늘진 곳에서도 잘 자라는데 그 때문에 아파트나 빌딩의 그늘진 정원에 많이 심어져 있
두산백과 두피디아

여기서 유의해야 할 점이 있습니다. 스마트렌즈로 알아낸 정보가 늘 맞는 것은 아닙니다. 잘못 인식하는 수도 있습니다. 자신이 직접 본 사진과 지식백과에 나와 있는 사진이 다르다고 판단될 때는 여러 '유사 이미지'를 검색하여 꼼꼼히 살펴봐야 합니다.

자신이 알아낸 꽃에 대해 좀 더 넓게 알고 싶다면 '네이버 지식백과'에만 의존하지 말고 이곳저곳을 기웃거려 봅니다. 구글에서 '맥문동'을 입력해 검색하면 '위키백과'로 안내합니다. 네이버 지식백과보다 더 상세한 정보를 얻을 수 있습니다.

산림청의 국립수목원(kna.forest.go.kr)에서 운영하는 '국가생물종지식정보시스템'의 식물도감을 활용하는 방법도 있습니다.

국가생물종지식정보시스템 사이트 왼쪽에 '식물도감'이 있습니다. 여기에 있는 [이름으로 찾기], [분류체계로 찾기], [모양과 색으로 찾기], [검색표로 찾기], [자세히 찾기] 등의 방법을 이용해 꽃에 대한 정보를 얻을 수 있습니다. 이 사이트에서는 '식물도감'뿐만 아니라 '보호식물', '귀화식물'에 대한 자료를 제공하고 있습니다.

식물도감	보호식물	귀화식물
식물도감	보호식물	귀화식물
▪ 이름으로찾기	▪ 희귀식물	▪ 귀화식물이란
▪ 분류체계로찾기	▪ 특산식물	▪ 이름으로찾기
▪ 모양과색으로찾기	▪ 보존노력	
▪ 검색표로찾기	▪ 산림유전자원보호구역	
▪ 자세히찾기	▪ 보호수	

'국가생물종지식정보시스템'의 주요 제공 자료

빛깔과 향기에 알맞은 너의 이름을 불러본다

앞에서 소개한 지식백과, 위키백과, 식물도감 등을 활용하여 깽깽이풀, 섬바디, 암매, 가는동자꽃에 대해 알아봅니다. 꽃 사진 아래 표를 채워 봅니다.

1	깽깽이풀

출처 국립한국자생식물원(www.koagi.or.kr)

높이(키)	
서식 환경	
잎의 특징	
개화 시기	
꽃의 특징	
기타 정보	

2	섬바디

높이(키)	
서식 환경	
잎의 특징	
개화 시기	
꽃의 특징	
기타 정보	

3	암매

출처 멸종위기 야생생물포털(www.nie.re.kr)

높이(키)	
서식 환경	
잎의 특징	
개화 시기	
꽃의 특징	
기타 정보	

4	가는동자꽃

출처 멸종위기 야생생물포털(www.nie.re.kr)

높이(키)	
서식 환경	
잎의 특징	
개화 시기	
꽃의 특징	
기타 정보	

꽃의 마음 읽기

기쁘다, 즐겁다, 평화롭다, 평온하다, 편하다, 가뿐하다, 홀가분하다, 느긋하다, 후련하다, 놀랍다, 가슴 벅차다, 흥겹다, 개운하다, 그립다, 설레다, 사랑스럽다, 든든하다, 부끄럽다, 아쉽다, 안타깝다, 쑥스럽다, 아련하다, 복잡하다, 착잡하다, 미안하다, 한심스럽다, 충격적이다, 끔찍하다, 어수선하다, 허탈하다, 외롭다, 쓸쓸하다, 나른하다, 무기력하다, 허무하다, 멍하다, 당황스럽다, 심심하다, 지루하다, 지겹다, 두렵다, 무섭다, 애처롭다, 절망스럽다, 괴롭다, 힘겹다, 슬프다, 우울하다, 울적하다, 답답하다, 서럽다, 서글프다, 애달프다, 비참하다

우리가 사용하는 감정 표현들입니다. 꽃도 우리처럼 감정을 느낄까요? 한 실험과 연구에 따르면, 온종일 강렬한 헤비메탈의 음악을 들은 식물과 평온한 클래식 음악을 들은 식물 간에는 차이가 있다고 합니다. 앞의 식물은 맥없이 시들어 버리고 마는데, 뒤의 식물은 기분이 좋은 듯 생생합니다.

똑같은 식물 둘을 갖다 놓고 실험을 한번 해보세요. 한쪽에는 매일 욕을 하고, 다른 한쪽에는 사랑스럽다, 고맙다 등 긍정적인 말을 해봅니다. 분명히 어떤 차이를 느낄 수 있을 것입니다. 거친 말과 고운 말을 할 때 우리의 마음의 태도에도 변화가 있을 것입니다.

"제 마음 좀 알아주세요"

우리가 한 사람의 마음을 읽기란 쉽지 않습니다. 그 사람의 마음을 제대로 알려면 얼굴에 나타나는 표정, 말과 행동을 살펴야 하고 긴 시간을 함께 보내야 합니다. 세상에는 악한 사람은 없고 악한 사람을 만드는 환경이 있다고 합니다. 그 사람이 처한 환경이나 상황이 사람의 심리에 영향을 미치는 중요한 요인이 됩니다. 다른 사람의 마음을 읽으려면 상대에 대한 이해와 존중이 전제되어야 합니다. 조금 어려움이 있겠지만, 꽃의 상황과 표정을 살펴보고 꽃에서 느껴지는 이미지나 감정을 편하게 말해 봅니다. 꽃에 대해 궁금한 것이 있으면 폰으로 검색해보는 것도 좋을 것입니다.

사랑초			사랑초 마음 좀 알아주세요
비누풀			비누풀 마음 좀 알아주세요

고추

고추 마음
좀 알아주세요

벌노랑이

벌노랑이 마음
좀 알아주세요

박

박 마음
좀 알아주세요

꽃밭[1)]

김종길

꽃밭

말없이
긴절한 목숨들이 고개를 들고 있는 곳.

아 한여름 개인 오전을,

저마다의 꽃다움을 뽐내듯,
또는 수줍어하듯,
열정적으로,
또는 소담하게,
또는 애처롭게

저마다의 선명한 빛깔과 모양과 몸짓을 지니고,

혹은 한 포기 외로이,
혹은 몇 포기씩 정다웁게,
한결같이 밝고, 아름답고, 싱싱하게,

모두 실상 멋있게,
혹은 며칠을
혹은 하루 만에,

시새우듯,
겨루듯 피었다가 눈물도 없이 가버릴 것들, 꽃, 꽃, 꽃들.

---

1) 김종길, 『천지현황』(미래사, 1991)에서 일부 인용

꽃에게[2] 칭찬을

칭찬은 생명이 있는 존재에게 삶의 용기를 주고 자존감을 높여준다고 합니다. 다음의 꽃에 칭찬, 격려의 메시지를 써보고, 자신에게도 칭찬을 해 봅니다. 눈으로 보이는 겉모습과 행동뿐만 아니라 눈으로 보이지 않는 마음까지 헤아려 봅니다. 단순하게 '좋아', '뛰어나', '대단해', '너무 예뻐', '잘했어' 이런 말도 좋지만, 정확히 무엇이 어떤 점이 그러한지를 구체적으로 칭찬하면 더 좋겠지요. 마음을 담은 칭찬과 격려 한번 해보면 어떨까요?

말의 힘

황인숙

기분 좋은 말을 생각해보자
파랗다. 하얗다. 깨끗하다. 싱그럽다.
신선하다. 짜릿하다. 후련하다.
기분 좋은 말을 소리내 보자.
시원하다. 달콤하다. 아늑하다. 아이스크림.
얼음. 바람. 아아아. 사랑하는. 소중한. 달린다.
비!
머릿속에 가득 기분 좋은
느낌표를 밟아보자.
느낌표를 밟아보자. 만져보자. 핥아보자.
깨물어보자. 맞아보자. 터뜨려 보자!

2) 어법에 맞게 바르게 쓰려면 '꽃에'라고 해야 한다. 유정명사 곧 사람이나 동물을 나타내는 명사 뒤에서는 '-에게'가 아닌 '-에'를 써야 한다. 필자는 꽃 또한 생명성을 지닌 존재로 보아 여기서는 '-에게'를 쓴다.

"그대의 칭찬이 엄청 힘이 돼요."

	• 꽃이 너무 작아 사람들의 주목을 받지 못하지만 약성이 뛰어남 • 항바이러스 물질과 항균 물질이 있어 여러 질병에 효험이 있음 • 항암효과가 높은 제니스틴, 암을 예방하는 플라보노이드, 타박상과 치질에 좋은 루틴, 면역력을 늘리는 규소 등이 들어 있음 • 영양 성분이 많아 나물이나 샐러드로 먹어도 좋음
별꽃에게 아낌없는 칭찬을	

	• 키가 3m까지 자람 • 꽃은 노란색으로 이쁜데, 뿌리는 우락부락 감자처럼 생겨 엉뚱한 사람을 뚱딴지라고 빗대어 말함 • 뿌리의 덩이줄기에 '이눌린'이라는 섬유질 성분 외 구리, 철분, 칼륨, 인 등 다양한 영양소가 있어 면역력 강화, 체중 감량, 노화 방지에 효능이 있음 • 건강에 좋은 성분이 많아 차로도 마시고, 생으로 샐러드로 먹거나 즙을 내서 마시기도 함
돼지감자에게 아낌없는 칭찬을	

	• 쌉쌀한 맛과 특유의 향이 있어 주로 이른 봄에 수확하여 무침, 국, 전 등의 다양한 요리에 사용됨 • 단백질 함량이 높고, 각종 비타민과 무기질이 많아 기력을 회복하는 데 도움을 줌 • 아미노산, 망간, 아연, 셀레늄, 칼륨, 철분 등의 영양성분이 풍부해 면역력 향상, 집중력 향상, 항암효과, 혈압 저하, 빈혈 및 골다공증 예방 등에 효험이 있음
냉이에게 아낌없는 칭찬을	

	• 도랑이나 습지에서도 물을 깨끗이 정화하여 수질 정화에 크게 기여함 • 소와 돼지 등의 가축이 매우 좋아해 사료로 이용됨 • 영양 성분과 수분 함유량이 많아 식용으로도 사용함 • 고마리에서 추출한 물질이 피부 주름 개선에 효과가 있다고 함
고마리에게 아낌없는 칭찬을	

	• 식물체 전체 가시가 많으나, 줄기, 뿌리, 잎에 섬유질, 단백질, 비타민 등 다양한 영양소가 있어 연한 잎을 데쳐 나물로 무쳐 먹으면 좋음 • 씨를 잘게 부수어 끓는 물에 우려내어 마시면 잠도 잘 오고 면역력도 높아진다는 연구 결과가 있음 • 민간에서는 뿌리로 술을 담가 신경통, 요통의 치료제로 쓰기도 함
엉겅퀴에게 아낌없는 칭찬을	

꽃 이름 바꾸어 주면 안 되나요?

사람마다 있는 이름은 그 사람을 지칭하는 명칭입니다. 사람 이름처럼 꽃에도 지정된 이름이 있어 존재의 가치가 부각됩니다. 이왕 부여받는 이름이라면 이쁘면서 많은 사람에게 기억될 만한 이름이면 좋겠지요. '개불알꽃'이라는 요망한 이름보다는 '봄까치꽃'이라는 이름이 더 낫지 않을까요?

줄기에 가시가 나 있는 이 풀꽃의 이름은 '며느리밑씻개'입니다. 이런 식물체로 엉덩이를 닦거나 문지른다는 것은 비윤리적인 발상입니다. 이 꽃 이름은 '계모에게 학대받는 아들의 궁둥이 닦기' 또는 '의붓자식 왕따하기'로 풀이되는 '마마꼬노시리누구이'라는 일본명에서 가져왔다고 합니다. 일본식 이름 이전에 '사광이풀'이라는 한글명이 문헌에 기록되어 있습니다.[3)]

다음 쪽에 제시한 꽃 이름은 찰흙처럼 딱딱한 한자어로 된 것입니다. 굳어버리기 전의 찰흙은 부드러워 이 모양 저 모양으로 바꿀 수 있습니다. 이름을 한 개인이 마음대로 바꿀 순 없겠지만, 이 자리에서는 꽃의 빛깔과 향기에 알맞은 이름을 불러 봅니다. 꽃뿐만 아니라 이름을 부르는 사람도 기분이 좋을 것입니다. 하나라도 한번 해보길 바랍니다.

3) 김종원, 『한국식물생태보감 1 주변에서 늘 만나는 식물』, 자연과생태, 2013, 25~27쪽.

꽃	파악한 특징	이름 바꾸기 (현 이름/ 새 이름)
		현호색
		정향풀
		구절초
		금불초
		한련초

꽃말 외워보기

꽃말은 꽃의 특질이나 유래에 따라 상징적 의미를 부여한 말입니다. 제시한 꽃말은 2분이면 모두 외울 수 있는 꽃말입니다. 집중해서 10개의 꽃말을 외워 친한 사람에게 전해 봅니다.

순	꽃 이름	꽃말
1	참꽃마리	행복의 열쇠
2	냉이	당신께 나의 모든 것을 바칩니다
3	접시꽃	평화, 풍요
4	마타리	무한한 사랑
5	천일홍	변치 않는 사랑
6	노랑무늬붓꽃	절제된 아름다움
7	괭이밥	빛나는 마음
8	만수국	반드시 오고야 말 행복
9	은방울꽃	틀림없이 행복해진다
10	금낭화	당신을 따르겠습니다.

부정적인 의미의 꽃말 바꿔 보기

부정적 의미를 지닌 꽃말이 있습니다. 꽃의 특성이나 자신이 받은 인상을 중심으로 꽃말을 새롭게 만들어 봅니다. 꽃에게 희망의 메시지를 전해 주세요.

꽃	꽃 이름 / 꽃말	내가 바꾼 꽃말
	쥐꼬리망초 / 가련미의 극치	
	할미꽃 / 사랑의 배신, 슬픈 추억	
	용담 / 애수, 슬픈 그대가 좋아	
	솔체꽃 / 이루어질 수 없는 사랑	

당신이 슬플 때 나는 사랑한다

복효근

내가 꽃피는 일이
당신을 사랑해서가 아니라면
꽃은 피어 무엇하리
당신이 기쁨에 넘쳐
온누리 햇살에 둘리어 있을 때
나는 꽃피어 또 무엇하리
또한
내 그대를 사랑한다 함은
당신의 가슴 한복판에
찬란히 꽃피는 일이 아니라
눈두덩 찍어 내며 그대 주저앉는
가을 산자락 후미진 곳에서
그저 수줍은 듯 잠시
그대 눈망울에 머무는 일
그렇게 나는
그대 슬픔의 산 높이에서 핀다

당신이 슬플 때 나는 사랑한다*

* 용담꽃 꽃말

저를 구해 주세요.

멸종 위기에 있는 야생생물이 있습니다. 멸종위기 야생생물은 자연적 또는 인위적 위협요인으로 인하여 개체 수가 현격히 감소하거나 소수만 남아 있어 가까운 장래에 사라질 위기에 처해 있는 야생생물을 말합니다. 법으로 지정하여 보호 · 관리하는 법정 보호종으로, 현재 국가에서 멸종위기 야생생물 I급과 멸종위기 야생생물 II급으로 나누어 관리하고 있습니다.

다음은 멸종위기종 복원센터 홈페이지(www. nie.kr)에서 가져온 멸종위기 야생생물 I급의 육상식물입니다.

육상식물
11종

광릉요강꽃

털복주머니란

나도풍란

한란

죽백란

풍란

비자란

한라솜다리

금자란

암매

만년콩

멸종위기 야생생물 I급 육상식물 11종

"멸종 위기에 처한 풀꽃들"

현재 환경부에서 지정, 보호하는 국가보호종은 총 276종입니다. 당장의 응급 조치가 필요할 정도로 소멸 위기의 정도가 심한 멸종위기 야생생물 I급에는 60종의 생물이 있고, 이 중 육상식물이 11종입니다. II급에는 77종의 육상식물을 포함하여 207종의 생물이 있습니다.

다음은 멸종위기 야생생물 II급의 육상식물 중에서 풀꽃에 한정해 가려낸 것입니다. 정신을 집중하여 제시된 풀꽃을 3분 이내에 외워 봅니다. 할 수 있습니다.

1. 가는동자꽃 2. 가시연 3. 각시수련	4. 갯봄맞이꽃 5. 기생꽃 6. 나도승마	7. 날개하늘나리 8. 노랑만병초 9. 노랑붓꽃
10. 단양쑥부쟁이 11. 매화마름 12. 복주머니란	13. 분홍장구채 14. 백부자 15. 백양더부살이	16. 선제비꽃 17. 솔붓꽃 18. 세뿔투구꽃
19. 애기송이꽃 20. 연잎꿩의다리 21. 왕제비꽃	22. 전주꼬리풀 23. 지네발란 24. 진노랑상사화	25. 제비동자꽃 26. 칠보치마 27. 피뿌리풀

한국의 멸종위기 풀꽃
여기에 있어요

1. 가는동자꽃	2. 가시연	3. 각시수련

7~8월에 붉은 꽃이 핌. 전국 산지의 습지에 서식. 대부분의 서식지가 훼손됨	수심이 낮은 연못에서 서식. 7~8월 가시 돋은 긴 꽃자루 끝에 자주색 꽃이 핌	수심 1m 정도의 오래된 연못이나 늪에서 자람. 7~8월 개화. 강원도 고성 및 전북 군산에서 발견됨
4. 갯봄맞이꽃	5. 기생꽃	6. 나도승마

높이 5~20cm. 5월 연한 붉은색 꽃이 핌. 강원도와 동해안 해안가에 분포	높이 5~20cm. 7~8월 흰색 꽃이 핌. 강원도와 경상도의 높은 산 등지에 분포	높이 30~100cm. 7~8월 개화. 전남 백운산 및 경남 산청군에 제한적으로 분포
7. 날개하늘나리	8. 노랑만병초	9. 노랑붓꽃

해발 1400m 이상의 높은 산에서 자람. 7~8월에 위를 향해 높이 핌	강원도 설악산 이북 자생. 6~8월 노란빛이 도는 흰색 꽃이 우산처럼 모여 핌	전라도와 경북 일부 지역 분포. 높이 5~10cm. 숲 가장자리나 계곡 주변에서 서식. 4~5월 개화

10. 단양쑥부쟁이	11. 매화마름	12. 복주머니란

강 근처 모래땅이나 자갈밭에서 군락을 이룸. 강원도, 경기도, 충청북도에 분포	수생식물로 주로 서해안 해안가 일대 논에서 서식. 4~5월 꽃이 핌	높이 20~40cm. 5~6월 개화. 제주도와 울릉도를 제외한 전국 산지 분포
13. 분홍장구채	14. 백부자	15. 백양더부살이

높이 25~40cm. 10~11월 분홍색 꽃이 핌. 중부 이북에서 자생	8~10월 투구 모양의 꽃이 핌. 석회암 지대에 분포	자갈이나 모래땅에 쑥류에 기생해 살며, 5~6월에 꽃이 핌. 전남 백운산에 분포
16. 선제비꽃	17. 솔붓꽃	18. 세뿔투구꽃

경기도 수원과 경남 양산의 축축한 풀밭에서 자생. 제비꽃 종류 중에서 70cm까지 자라는 대형종	높이 8~13cm. 4~5월 보라색 꽃이 핌. 우리나라 일부 지역 분포	경상도와 전남 일대 분포. 7~9월 노란빛을 띤 자주색의 투구 모양의 꽃이 핌

19. 애기송이풀	20. 연잎꿩의다리	21. 왕제비꽃

계곡의 서늘한 곳에서 서식. 줄기가 없고 5~6월에 꽃이 핌	설악산과 북한 지방 분포. 잎이 연잎처럼 둥근 모양을 함. 5~8월 자줏빛이 도는 흰색 꽃이 핌	높이 40~60cm. 잎이 긴 타원형으로 넓음. 국내 북부 지방 등지에 분포
22. 전주꼬리풀	**23. 지네발란**	**24. 진노랑상사화**

제주도 저지대 습지에서 삶. 8~10월 연한 홍색의 꽃이 이삭꽃차례로 달림	줄기에 잎이 붙은 모습이 지네를 닮음. 7~8월에 꽃이 핌. 제주도와 남해안 일대 분포	전라도 숲속 계곡의 돌밭에서 분포. 8월 초 짙은 노란색 꽃이 무리 지어 핌
25. 제비동자꽃	**26. 칠보치마**	**27. 피뿌리풀**

7~8월 짙은 홍색 꽃이 핌. 강원도의 높은 산지에서만 분포	경기도와 경남에만 분포. 숲속의 양지바른 곳에서 서식. 높이 15~55cm. 6~7월 개화	제주도와 황해도 이북에서만 서식. 꽃과 뿌리가 붉은색을 띰. 6~7월 개화

출처 국립생태원 멸종위기종복원센터 멸종위기 야생생물 포털(www.nie.kr)

이래도 될까요?

서양민들레

민들레입니다. 봄이면 볼 수 있는 풀꽃입니다. 메마른 땅에서도, 길가에서도, 시멘트 틈바구니에서도 잘 자랍니다. 그런데 이 민들레는 우리 토종 민들레가 아닙니다. '서양민들레'입니다. 서양민들레는 유럽이 원산지인 귀화식물입니다. 토종 민들레에 비해 키도 크고, 전체적으로 튼실해 보입니다. 노란 꽃을 보면, 토종 민들레가 작고 연한데, 서양민들레는 꽃이 크고 꽃 색이 짙습니다. 꽃받침에서도 차이가 있습니다. 토종 민들레의 꽃받침이 꽃잎 쪽으로 찰싹 붙어 있는데, 서양민들레는 꽃받침이 뒤로 젖혀 있습니다. 서양민들레는 번식력도 좋아 4월 봄부터 11월 늦가을까지도 꽃이 핍니다. 주변에서 우리가 목격하는 민들레는 거의 서양민들레라고 보면 됩니다.

토종 민들레는 어디서 볼 수 있을까요? 왜 우리는 서양민들레만 보는 것일까요? 외국 원산의 귀화식물은 누가 심고 가꾸지 않아도 낯선 환경에 잘 적응하고, 척박한 땅에서도 빨리 자랍니다. 서양민들레의 경우 환경 조건이 나빠지면

자가수분[4)]으로 씨를 만듭니다. 토종 민들레는 1년 중 봄 한 차례만 꽃이 피는데, 서양민들레는 늦가을까지 꽃이 지고 피는 것을 반복합니다.

큰금계국

5, 6월이면 길가에 코스모스처럼 생긴 꽃이 만발합니다. 들에 무성하게 피어 있고, 차들이 많이 다니는 도로변에도 가로수처럼 늘어서 있습니다. 꽃 이름은 '큰금계국'입니다. 북아메리카 원산의 귀화식물입니다. 1960년대 전후로 수입되어 우리 땅에 정착하였습니다. 봄부터 가을까지 건조하고 햇볕이 잘 드는 곳에서 잘 자랍니다. 큰금계국은 꽃이 이쁘고 무리 지어 피어 사람들의 시선을 끕니다.

하지만 이쁘다고 다 좋은 것은 아닙니다. 일본에서는 2006년부터 큰금계국을 생태계를 위협하는 위험한 식물로 보고 퇴치에 힘쓰고 있습니다. 그런데 우리나라 지자체에서는 적은 돈으로 보기 좋은 조경을 만든다는 이유로 도로변에 심으며, 정원처럼 꾸미기도 합니다.

4) '꽃가루받이'라고도 하는 수분(受粉)은 꽃식물에서 수술의 꽃가루가 암술머리에 옮겨붙어 열매를 맺고 다음 세대로 유전자를 전달하는 생식방식을 일컫는다. 동물에 빗대면 교미라고 할 수 있다. 꽃이 수분하는 방식은 크게 '타가수분'과 '자가수분'으로 구분된다. 벌레나 바람 등의 도움을 받아 수분이 이루어지는 것을 '타가수분'이라 하고, 같은 꽃 안에서 암술과 수술이 수분하는 것을 '자가수분'이라 한다.

큰금계국은 토착 식물을 몰아내고 우리 땅에 자리 잡은 외래종입니다. 왕성한 번식력으로 점점 자리를 넓혀감에 따라 우리 토착 식물들은 설 자리를 잃고 있습니다. 2018년 국립 생태원에서 외래식물을 정밀 조사하면서 큰금계국을 유해성 2등급으로 발표한 바 있습니다. 계명대 생물과학과 김종원 교수는 큰금계국이 천적이 없는 악성 외래종으로 우리 생태계를 파괴하는 측면에서 볼 때 유해 식물로 규정된 가시박, 돼지풀보다 더 위협적인 존재라고 힘주어 말합니다. 그렇지만 아직도 큰금계국의 유해성을 모르고 마구 심는 지자체가 많습니다.

개망초

여름이 오면 이 친구들이 고개를 듭니다. 꽃 모양이 계란프라이를 닮아 흔히 계란꽃이라고 합니다. 꽃 이름은 '개망초'입니다. 큰금계국과 마찬가지로 북아메리카 원산이고, 한일합방의 시기에 우리나라에 들어왔습니다. 북한에서는 순우리말로 '돌잔꽃'이라고 부릅니다. 강한 생명력과 번식력으로 가을까지 전국 곳곳에서 피어납니다.

개망초는 번식력이 뛰어나 거칠고 메마른 땅에서도 싹을 틔워 꽃을 피웁니다. 갈라진 가지 끝에 흰색의 작은 꽃들이 머리 모양의 꽃차례를 이룹니다. 도시 주변의 빈터나 농사를 짓지 않고 내버려 둔 묵정밭에 개망초가 군집을 이루어 번성합니다. 보통은 1m 이상까지 크게 자라지만, 척박한 땅에서는 키가 10cm 정도로 왜소하게 자랍니다.

개망초라는 꽃 이름에는 사연이 있습니다. 일제강점기 때 우리나라에 철도 개발이 이루어지면서 철도에 놓는 침목을 미국에서 일본을 거쳐 수입했는데, 이때 개망초 씨앗이 침목과 함께 묻어온 것으로 보입니다. 당시 사람들이 철길을 따라 흰색 꽃이 왕성하게 피어 있는 것을 보고는 일본이 조선을 망하게 하려고 이 꽃의 씨를 뿌렸다고 여기며 망할 망(亡)자를 써서 나라를 망하게 하는 풀이라는 의미로 '망국초'라 불렀습니다. 후에 저급하다는 의미로 '개'를 붙여 개망초라 하였습니다.

개망초는 이름과 달리 그렇게 저급한 식물이 아닙니다. 당시 우리 민족이 처한 시대 상황이 부정적 의미의 꽃으로 규정되었을 뿐, 개망초는 사람이나 동물에게 해를 끼치지 않는 유용한 식물입니다. 농사에 직접적인 방해가 되지 않을 뿐만 아니라 많은 곤충에게 다량의 꿀을 제공합니다. 개망초는 맛이 순하고 독이 없어 어린잎은 요리의 재료로 쓰이고, 소화에도 도움을 줍니다. 한방에서는 피를 맑게 하고 열을 내리며, 가려움증을 멎게 하는 약재로 사용하기도 합니다. 최근에는 개망초에서 추출한 폴리페놀 성분이 기능성 화장품 재료로 쓰이고 있습니다.

우리 땅에 우리 꽃이 있지 않고 외래식물이 가득한 현실은 한편으로 안타깝지만, 이것은 주어진 환경 조건에서 생명을 유지하려는 자연의 섭리에 따른 것입니다. 개망초가 들어오지 않았다면 더 나은 상황이 전개되었을 것이라고 단정할 수 없습니다. 개망초의 꽃말은 '화해'입니다.

개망초가 무성하게 뻗어갈 무렵 '미국쑥부쟁이'라는 꽃이 핍니다. 간혹 원산지가 유사한 개망초와 혼동하기도 하기도 하고, 우리나라 쑥부쟁이로 오인하기도 합니다. 쑥부쟁이에 비하면 개망초의 꽃은 작습니다. 쑥부쟁이의 꽃이 연한 보랏빛이라면 미국쑥부쟁이는 흰색이 주종을 이룹니다. 9~10월에 10원짜리 동전 크기의 하얀 꽃이 줄기 끝에 달립니다. 씨가 바람에 쉽게 날려 여러 곳에 퍼져나가고 다른 작은 식물들이 자랄 수 없게 만듭니다.

미국쑥부쟁이

꽃이 앙증맞은 '미국쑥부쟁이'는 생태계 교란 생물입니다. 교란(攪亂)은 어떤 상황이나 마음을 어지럽고 혼란스럽게 한다는 것을 뜻합니다. 생태계를 교란한다는 것은 외부 요인으로 인해 기존 생태계의 일부가 파괴되는 것을 말합니다. 「생물다양성 보전 및 이용에 관한 법률」에서는 생태계교란 생물을 다음과

같이 정의하고 있습니다

- 외래생물 중 생태계의 균형을 교란하거나 교란할 우려가 있는 생물
- 외래생물에 해당하지 아니하는 생물 중 특정 지역에서 생태계의 균형을 교란하거나 교란할 우려가 있는 생물
- 유전자의 변형을 통하여 생산된 유전자 변형 생물체 중 생태계의 균형을 교란하거나 교란할 우려가 있는 생물

미국쑥부쟁이는 첫 번째 정의에 해당하는 생태계 교란 식물입니다. 생태계 교란 식물은 외국으로부터 인위적 또는 자연적으로 유입되어 생태계의 균형에 교란을 가져오거나 가져올 우려가 있는 식물입니다. 환경부에서 지정한 생태계 교란 식물에는 미국쑥부쟁이를 비롯하여 돼지풀, 단풍잎돼지풀, 서양등골나물, 물참새피, 털물참새피, 도깨비가지, 애기수영, 가시박, 서양금혼초, 양미역취, 가시상추, 갯줄풀, 영국갯끈풀, 환삼덩굴, 마늘냉이 등 모두 16종입니다.[5] 이들은 어느 환경이나 잘 적응하고 번식과 확산이 빨라 우리나라 토착 식물들이 살아갈 터전을 빼앗고 생태계의 질서를 파괴합니다.

미국쑥부쟁이는 다른 식물들이 살지 못하도록 방해하는 생태계 교란 식물이고, 유해 식물입니다. 그렇기 때문에 애초부터 심지 않아야 하고, 이미 자생적으로 번식했다면 이들을 원천적으로 박멸해야 합니다. 미국쑥부쟁이는 잘라내면 뿌리에서 새싹이 계속 돋아나기 때문에 계속 싹을 없애 주어야 하는데, 생태계 교란 식물을 제거하는 제일 좋은 방법은 뿌리째로 뽑아버리는 것입니다. 그래야 늘어나는 외래종을 막고 우리 고유종을 지킬 수 있습니다.

외래식물을 흥선대원군의 폐쇄 정책과 같이 무조건으로 배척하자는 것은 아

5) 환경부(www. me.go. kr.), '생계계교란 생물 현장관리 안내서 발간' 자료집 참조. 유튜브에서 '생태계교란식물'로 검색하면 유익한 동영상 자료를 찾아볼 수 있다.

닙니다. 인위적으로 그렇게 하기도 어렵습니다. 지구촌이 하나가 되는 세상이고, 우리 땅에는 외국 사람들이 많이 와 살고 있습니다. 시골 초등학교에는 엄마가 동남아 사람인 아이들이 많습니다. 이제는 더불어 살아가야 합니다. 사람뿐만이 아닙니다. 우리 땅에는 외국에서 건너와 귀화한 식물이 넘쳐납니다. 이들을 받아들이되, 블루길이나 황소개구리처럼 우리 토종 생물을 죽이는 유해종이 침투, 확산되지 않도록 우리 모두가 좀 더 관심을 갖고 지혜를 모아야 합니다.

6월 17일 제법 무덥던 날, 시골 도로변을 지나가면서 보았습니다. 세 종류의 외래식물이 서 있었습니다. 흰 꽃은 개망초이고, 노란 꽃은 큰금계국이고, 진하게 붉은 꽃은 인디언천인국입니다. 한쪽으로 잘 정렬되어 있는 것으로 보아 누군가가 인위적으로 꾸며 놓은 것입니다. 사진 속 꽃만 보면 미국 땅으로 착각할 정도입니다. 아무것도 모르는 외지인이 드라이브하면서 이쁘다고, 아름답다고 좋아할지는 모르겠으나, 여기에는 우리 꽃이 하나도 없습니다.

위 사진에서 왼쪽에 나와 있는 꽃은 6월 4일 풀밭 언저리에서 본 것이고, 오른쪽 꽃은 11월 5일에 본 것입니다. 왼쪽 꽃의 주인공은 '개쑥부쟁이'입니다. 이 꽃은 가을에 피는 한국 특산식물인데, 자신이 본래 피는 계절보다 빨리 나왔습니다. 오른쪽에는 개쑥부쟁이 외에 붉은색의 패랭이꽃과 노란 큰금계국이 함께 피어 있습니다. 토종과 외래종이 사이좋게 공존하고 있습니다.

지금 우리 땅에 자리 잡은 귀화식물이나 외래식물은 자동차 공해에도 잘 버티고, 특별히 관리하지 않아도 오랫동안 지속하는 장점이 있습니다. 편리하다고 이 친구들을 가족처럼 받아들이고 제 식구를 쫓아낸다면 가정이 붕괴되고 말 것입니다. 우리 가정, 우리 식구는 우리가 지켜야 하겠지요.

길가나 화단에 교란 식물이나 유해 식물은 애초부터 심지 말아야 하고, 외래식물의 경우 여러 해 동안 꽃을 피우는 여러해살이풀은 피하고, 척박한 환경에서도 잘 자랄 수 있는 우리 토종 식물을 찾아 심었으면 합니다. 개화 시기가 짧다면 때를 맞춰 다른 식물로 교체하는 정성과 노력도 기울여야 할 것입니다. 이것은 아름다운 내 나라를 지키는 일이기도 합니다.

개망초를 좋아하는 암먹부전나비

꽃의 명언 살펴보기

삶의 위로와 격려가 되는 명언이 있습니다. 여기에 소개하는 명언은 꽃을 소재로 한 것입니다. 전하는 메시지를 꽃의 향기를 깊게 마시듯 음미해 봅니다. 마음에 드는 꽃 명언 하나를 되새겨 봅니다.

지구는 꽃으로 웃는다.

The earth laughs in flower. - Ralph Wald Emerson

모든 꽃은 흙 속에서 피어난다.

Every flower must grow through dirt. - Laurie jean Sennott

모든 꽃은 피는 시기가 있다.

Every flower blooms in its own time - Ken Petti

장미는 결코 해바라기가 될 수 없고, 해바라기는 결코 장미가 될 수 없다. 모든 꽃은 저마다 각자의 아름다움을 지니고 있다.

A rose can never be a sunflower can never be a rose. All flowers are beautiful in their own way. - Miranda Kerr

꽃은 어떻게 피어날지에 대해 걱정하지 않는다. 꽃들은 그저 피어나서 빛을 바라볼 뿐이다. 그렇기에 꽃들이 아름다운 것이다.

Flowers don't worry about how they are going to bloom. They just open up and turn toward the light and that makes them beautiful. - Jim Carry

사막에서 피는 꽃이 우리에게 알려주는 것이 있다. 그것은 바로 아무리 큰 역경도 이겨낼 수 있다는 것이다.

A flower blooming in the desert proves to the world that adversity, no matter how great, can be overcome. - Matshona Dhliwayo

영양 일월산

17장

꽃 마음 키우기

그대 무엇이 되려 하는가?

생명의 싹이 돋아나는 봄에

햇볕이 쨍쨍한 여름에

바람이 산들 부는 가을에

꽁꽁 얼어버리는 겨울에

그대 앞에 봄이 있다

김종해

우리 살아가는 일 속에
파도치는 날 바람 부는 날이
어디 한두 번이랴
그런 날은 조용히 닻을 내리고
오늘 일을 잠시라도
낮은 곳에 묻어 두어야 한다
우리 사랑하는 일 또한 그 같아서
파도치는 날 바람 부는 날은
높은 파도를 타지 않고
낮게 낮게 밀물져야 한다
사랑하는 이여
상처받지 않은 사랑이 어디 있으랴
추운 겨울 다 지내고
꽃 필 차례가 바로 그대 앞에 있다

한 송이의 봄꽃과 마주하기

영하의 추운 겨울에는 풀꽃들이 모습을 감춥니다. 연약한 꽃에게는 패딩도, 장갑도 없습니다. 얼음이 녹는 봄이 되어서야 햇살을 받아 고개를 내밉니다. 시에 나오는 '봄꽃'을 상상하여 그려보고, 이 꽃과 관련지어 자신이 어떻게 피어 있는지 헤아려 봅니다.

이른 봄에 핀
한 송이 꽃은
하나의 물음표다

당신도 이렇게
피어 있느냐고
묻는

– 도종환, '한 송이 꽃'

꽃의 모습	나의 모습

봄에 핀 꽃마리

꽃 피어야 하는 것은 꽃 핀다.

녹슨 빛깔 이파리의 알펜로제

라이너 쿤체

꽃 피어야만 하는 것은, 꽃 핀다
자갈 비탈에서도 돌 틈에서도
어떤 눈길이 닿지 않아도

* '눈 속 장미'라고 불리는 '녹슨 빛깔 이파리의 알펜로제'는 알프스산 수목 한계선 부근에서 자라는 철쭉의 일종[1)]

독일의 서정 시인 라이너 쿤체의 시입니다. 알펜로제(Alpenrose)[2)]는 인용 각주에서 알 수 있듯 붉은빛을 띠는 철쭉의 이름입니다. 자신과 결투를 벌이고 있는 고독한 사람이 있습니다. 아무것도 존재하지 않을 이곳에서 그는 햇살처럼 찬란한 황홀감에 빠집니다. 알펜로제가 신의 축복처럼 그에게 다가옵니다. 잎은 녹슨 빛깔이지만, 꽃은 붉게 피어 납니다. 꽃 피어야만 하는 것은 꽃이 핍니다.

---

1) 류시화 엮음, 『마음의 챙김의 시』, 수오서재, 2020.
2) 알펜로제 사진 출처 commons.wikimedia.org

꽃 피어야 하는 것은 꽃 핀다

풀꽃은 강하다

겨울이 오면 춥습니다. 사람들은 두꺼운 옷을 입고, 실내에서는 20도 이상으로 온도를 올립니다. 춥기는 꽃들도 마찬가지입니다. 하지만 꽃은 벌거벗은 채 알몸으로 추위를 받아들입니다. 가냘프고 여린 듯하지만, 꽃은 영하의 추위에도 아랑곳하지 않고 제 색깔을 내기도 합니다. 이러한 강한 생명력은 어디서 오는 것일까요?

11월 23일 겨울날의 패랭이꽃

11월 30일 겨울날의 지면패랭이꽃

"패랭이꽃은 태양광선이 작열하는 개방된 양지의 건조한 입지에서 사는 여러해살이풀이다. 땅속은 촉촉할 수 있으나, 한낮 뜨겁게 달구어지는 사력지(砂礫地) 같은 하천 바닥에서도 산다. 결코 그늘진 곳에서는 살지 않는다."[3)]

김종원 교수의 지적과 같이 패랭이꽃은 더위에도 아주 강한 꽃입니다. 6~8월의 여름에 햇볕이 내리쬐는 곳에서 자신의 모습을 당당히 드러냅니다. 식물도감에 제시된 개화 기간과 달리, 패랭이꽃은 겨울에도 꽃이 피는 모습을 볼 수 있습니다. 메마르고 척박한 곳에서 더위와 추위를 견디며 아름다움을 발산하는 강인한 꽃이 패랭이꽃입니다.

우리나라 토종 식물 중에는 언 땅에서도 꽃을 피우는 풀꽃이 있습니다. '복수초(福壽草)'라는 꽃입니다. 복을 받고 오래 살라는 뜻을 지닌 이 꽃은 주로 추운 산간 지방에서 자라며, 이른 봄에 노란 꽃망울을 터뜨립니다. 눈이나 얼음 사이에서도 꽃을 피운다고 해서 '얼음새꽃'이라고도 합니다.

복수초와 마찬가지로 2~3월의 추위 속에도 꽃을 피우는 '변산바람꽃'입니다. 전북 변산 일대에서 처음 발견되어 변산바람꽃이라 하는데, 지금은 광범위하게 자생지를 이루고 있습니다. 습기가 있는 숲속에서 20cm 내외로 자랍니다.

3) 김종원, 『한국 식물 생태 보감1 주변에서 늘 만나는 식물』, 자연과생태, 2013, 441쪽.

질경이

풀꽃 중에는 이런 꽃도 있습니다. 사람들에게 밟히면서 자라는 '질경이'라는 꽃입니다. 질경이는 줄기가 없고 잎이 뿌리에서 뭉쳐납니다. 5~8월에 잎 사이에서 나온 꽃줄기 윗부분에 이삭꽃차례 모양으로 흰 꽃이 빽빽이 달립니다. '길(질)에서 나는 나물'이라는 유래에서 보듯 질경이는 길가에서도 잘 자랍니다. 밟혀도 쉽게 상처를 입지 않습니다. 잎을 잡아 뜯어보면, 잎의 속이 탄력성 있는 백색 실과 같은 것으로 연결되어 있음을 볼 수 있습니다.

질경이는 사람이나 동물의 발에 붙어 씨앗을 퍼뜨리기 때문에 인간에게 밟히는 길을 선택해 그곳에 적응하며 살아갑니다. 생명력이 아주 강해 사람의 발에 짓밟혀도 다시 살아나는, 질기고 강한 풀꽃이 질경이입니다. 꽃말은 '발자취'입니다.

길

이기철

질경이도 피고 배암풀도 돋고 노루귀꽃도 피고

애기똥풀도 피고

돌멩이도 구르고 나비도 날고

여치도 숨고 라일락도 피고

능금나무도 크고 모래도 구르고 구름 그림자도

내리고 앉은뱅이꽃도 피고

강아지 발자국도 찍히고 쇠똥도 마르고

멧새 울음도 들리고 도랑물도 흐르고

햇볕도 내리고 낮달도 뜨고

비단벌레도 숨고

뭐가 보이나요?

겨울로 들어서는 11월 5일 날의 정경입니다. 나비 하나가 노란 꽃송이에 앉았습니다. 풀꽃은 아래 뿌리잎부터 줄기까지 온통 자주색이네요. 오른쪽 위 모퉁이에는 이름 모를 풀이 나 있고요. 돌 아래로 그림자가 생기는 것을 보니 시간은 햇살이 내비치는 오전이거나 낮인 듯합니다. 이것 말고 또 무엇이 보이나요?

어떤 대상을 대하거나 바라볼 때 중요한 게 하나 있습니다. 그것은 관점입니다. 대상을 바라보는 시각과 태도를 관점(觀點)이라 합니다. 대상을 어떤 시각에서 인식하고 판단하느냐에 따라 얻는 결과나 내용이 달라집니다. 관점에는 대상을 대하는 사람의 태도가 따릅니다. 관점과 관련된 태도에는 긍정의 태도, 우호적인 태도, 부정의 태도, 냉대의 태도, 비판의 태도 등 여러 가지가 있습니다.

이런 태도를 결정하는 것은 마음가짐입니다. 대상을 긍정적으로 대하는 태도에는 긍정적인 마음이 있어 그러한 것입니다. "나는 할 수 없어. 나는 안 돼." 이렇게 부정적으로 생각하는 사람은 그 마음이 어두운 것입니다. "난 할 수 있어. 해내고 말 거야" 이렇게 생각하는 사람은 그 마음이 밝은 것입니다. 긍정과 부정의 마음가짐 간에는 간격이 있습니다.

어떤 대상을 대할 때는 다양한 관점에서의 인식과 접근이 중요합니다. 생각을 넓혀 사진의 정경을 바라보면, 우리는 나비의 시각에서, 가운데 꽃의 시각에서, 모퉁이에 있는 풀꽃의 시각에서 접근해 볼 수 있습니다.

나비의 시각	초겨울날 꽃을 찾을 수 있어 다행이야. 잠시 몸을 보충하고 가야겠어.
가운데 풀꽃의 시각	나비야. 너가 찾아와서 고마워. 내 꽃에서 잠시 쉬어 가렴.
모퉁이 풀꽃의 시각	나는 왜 꽃도 피지 않고 나비도 찾아오지 않지? 하지만 난 아직 몸이 푸르잖아.

이렇게 다양한 시각에서 대상을 바라보면 생각이 깊어지고 풍부해집니다. 생각이 유연하지 못하고 경직되면 한겨울의 강처럼 꽁꽁 얼어버립니다. 굳어버린 부정적인 마음과 태도는 자신의 생각과 판단만이 정답이라는 독선과 오만에 빠지게 합니다. 다양한 관점에서의 유연한 생각과 마음은 우리의 내면을 키우고, 세상을 보는 눈을 넓혀 줍니다.

잠시 상상의 날개를 펼쳐 봅니다. 사진 속 가운데 노란 풀꽃은 그 생김새를 볼 때, '방가지똥'이 아닐까 합니다. 방가지똥은 들이나 길가에서 100cm까지 곧게 자라고, 잎 가장자리에 가시 같은 톱니가 나 있습니다. 4~5월 봄에 줄기 끝에서 노란 꽃송이가 피어 납니다. 개화 기간이 10월 가을까지도 이어지기도 합니다. 방가지똥은 잎이 줄기를 감싸는 특징이 있습니다.

아래 줄기 부분

방가지똥 여름날의 줄기 모습

방가지똥은 이름도 그렇고 외관도 그리 좋은 편이 아닙니다. 그렇지만 방가지똥에게는 꿈이 있습니다. 노란 꽃이 지면 하얀 깃털이 달린 씨앗이 민들레처럼 바람을 타고 날아갈 것입니다. 따뜻한 봄이 오면 새롭게 피어날 것입니다.

동자꽃의 슬픈 전설을 아시나요?

주황색의 작은 꽃이 참 이쁘지요. 동자승과 같이 작고 귀여워 '동자꽃'이라고 합니다. 깊은 산 속에서 100cm 정도까지 자라고, 7~8월에 꽃이 핍니다. 줄기나 잎겨드랑이에서 나온 꽃자루 끝에 한 송이씩 달립니다. 꽃잎은 다섯 장이고, 가장자리가 패여 있습니다. 이 꽃은 어린 동자의 넋이 피어난 꽃이라고 합니다. 동자꽃과 관련해 이런 이야기가 전해 옵니다.

강원도 어느 산골짜기 암자에는 스님과 어린 동자가 함께 살고 있었습니다. 어린 동자는 스님이 마을에 갔을 때 부모를 잃고 헤매는 것을 불쌍히 여겨 데려온 소년이었습니다. 겨울 어느 날 스님은 겨울 준비를 하기 위해 어린 동자를 암자에 홀로 남겨두고 마을로 내려가야만 했습니다.

스님이 산을 내려온 뒤 산에는 많은 눈이 내리기 시작해 저녁 무렵에 이르러서는 눈이 한길이나 쌓이고 말았습니다. 눈에 대해 전혀 대비가 없었던 스님은 암자로 다시 돌아갈 수 없어 그저 하늘만 바라볼 뿐이었습니다. 어린 동자는 눈이 많이 내려 스님이 못 온다는 것을 알지 못했습니다. 동자는 추위와 배고픔을 참으며 마을로 내려간 스님이 돌아오기만을 기다렸습니다.

동자는 며칠을 스님이 내려간 언덕만을 바라보다 앉은 채로 얼어 죽고 맙니다. 얼마 후 추운 겨울이 지나가고 쌓였던 눈이 녹기 시작했을 무렵 스님은 서둘러 암자를 향해 길을 나섰지만 암자에 도착한 스님이 맞이한 것은 마당 끝에 우두커니 앉아서 죽은 동자의 시체뿐이었습니다. 너무나 큰 슬픔과 절망이 몰려왔으나 스님은 마음을 가다듬고 죽은 동자를 바로 그 자리에 곱게 묻어 주었습니다.

그 이듬해 여름이 되자 동자의 무덤가에는 이름 모를 풀들이 자라났으며, 한여름이 되니 꼭 동자의 얼굴 같은 어여쁜 꽃들이 마을로 가는 길을 향해 피어나기 시작했습니다. 이때부터 사람들은 죽은 동자를 생각해 이 꽃을 '동자꽃'이라고 부르게 됐다고 합니다.

엄동설한(눈 내리는 겨울의 심한 추위)에 동자는 먹을 음식도 없이 스님만 애타게 기다리다가 생명을 잃었습니다. 그 넋이 꽃으로 환생한 것이 동자꽃입니다. 이 옛이야기에서 동자의 죽음이 현실에서 일어날 수 있는 일이라 하더라도, 죽은 동자의 꽃으로의 환생은 비현실적입니다. 이 비현실에는 뭇사람들의 동자에 대한 애잔한 마음이 담겨 있습니다. 사람들이 보기에는 죽은 동자가 너무 불쌍해 이야기가 더 보태졌을 것입니다.

동자가 굶어 죽지 않을까 발을 동동거리던 스님의 마음은 어떠했을까요? 자신의 사려 깊지 못함으로 아이가 죽었다고 자책하지는 않았을까요? 추위와 배고픔에 떨며 스님이 돌아오기만을 기다렸던 동자의 마음은 어떠했을까요?

우리는 이 이야기에서 죽은 동자에 대해 안쓰러운 마음을 느낄 수 있습니다. 어떤 대상에 대해 불쌍히 여기는 마음을 '연민'이라고 합니다. 도로변에 죽은 동물을 보고 '더럽다', '역겹다'가 아니라 '안됐다', '불쌍하다'고 느끼는 것이 연민의 마음입니다. 슬픈 영화나 드라마를 보고 눈물을 흘리는 것 또한 연민의 마음입니다.

풀꽃처럼 작고 연약한 것에 대한 관심은 연민의 마음에서 비롯합니다. 중국의 성인인 맹자는 불쌍히 여기는 마음(측은지심)을 인간이 지니는 마음의 하나로 강조하였습니다. 연민은 인간만이 가지는, 곱고 순수한 마음입니다.

영양 일월산에 핀 동자꽃

풀과 돌멩이

오규원

길 위의 돌멩이 하나
무심하게 발이 차네
발에 차인 돌멩이
길 옆 풀들이
몸으로 가려 숨기네
그 순간
내 발 아프네

저 아세요?

저는 호박입니다. 우리말에 '호박이 넝쿨째 굴러온다'는 표현이 있지요. 우리는 아무 데서나 잘 자라는 덩굴 식물입니다. 일단 심어 놓기만 하면 딱히 누가 관심을 주지 않아도 알아서 혼자 잘 큽니다. 그런데 이름이 좀 그렇습니다. 중국 청나라에서 넘어온 박이란 의미로 오랑캐 호(胡)자를 써서 호박이라는 이름이 붙었습니다. 사람들이 흔히 보는 둥글넓적한 우리는 '늙은호박'으로 불립니다.

한국 사람은 아이든 어른이든 저희를 아무렇게나 부르는 것 같습니다. 못생기거나 뚱뚱한 사람을 저희에 빗대지요. 수박처럼 완전히 둥근 것도 아니고 그렇다고 매끈한 것도 아니고, 요강처럼 생긴 것이 사이사이 움푹 패여 있지요. 잘 알지도 못하면서도 겉모습만 보고 비하하는 것은 좋지 않습니다. '호박에 줄 긋는다고 수박이 되냐' 이런 말은 정말 하지 않았으면 합니다.

더워지기 시작하는 여름 때가 되면 한낮에 사람들은 밖으로 나가기를 꺼리지요. 에어컨 빵빵한 실내에서 더위를 피하지요. 저희는 태양의 뜨거운 열기를 받아 무럭무럭 자랍니다. 무더위가 마냥 좋은 것만은 아니지만 이 계절을 견뎌야 더 큼직해지고 속도 더 알차게 됩니다.

우리는 쓸모가 많습니다. 호박잎은 향이 좋아 깻잎처럼 삼으로 쌈 먹기도 합니다. 사람들은 저희 속을 빡빡 긁어 이것으로 호박죽도 해 먹고, 호박전을 해 먹습니다. 우리의 속을 보았나요? 우리 속은 소화흡수가 잘 되는 당질이 풍부합니다. '울릉도 호박엿' 들어보셨지요? 울릉도에서는 호박으로 엿, 조청을 만들어 팝니다. 호박에는 비타민과 칼륨, 단백질과 식이 섬유소가 많이 들어 있어 건강에 아주 좋습니다. 고혈압의 원인이 되는 나트륨을 체외로 배출시켜 주고 혈압을 낮춰 줍니다. 항암 효과에 좋은 알파카로틴 성분도 있습니다. 호박에 들어 있는 펙틴 성분이 이뇨 작용을 도와 몸의 부기를 가라앉히는 데 도움을 주기도 합니다.

호박씨에는 머리를 좋게 하는 레시틴과 필수아미노산이 많이 들어 있어 간식으로도 좋습니다. 기침이 심할 때 호박씨를 구워서 설탕이나 꿀과 섞어 먹으면 효과가 있습니다.

우리는 꿀, 사탕처럼 달콤하기 때문에 서양에서는 호감 있는 사람이나 애인, 자식이나 손주와 같이 소중한 사람을 부르는 애칭으로 '펌킨(pumkin, 호박)'이라는 말을 씁니다. 북미에서는 할로윈 축제에 우리를 사용하기도 합니다. 할로윈이 끝나면 긁어낸 호박 속을 처치하기 위해 호박 속으로 파이를 만들어 11월 내내 즐겨 먹기도 합니다. 사실 우리는 숙성 기간이 길어질수록 영양소가 더 풍부해져 가을철 수확한 호박을 겨울에 먹는 것이 더 좋습니다.

우리는 노란색의 꽃을 피웁니다. 노란 원추리 꽃과 비슷한 색이지만, 원추리처럼 매끈하고 부드럽지는 않지요. 원추리는 날씬한 숙녀 같은데, 우리는 꽃도 큼직하고 그렇게 돋보이지 않아 사람들의 시선을 끌지 못합니다. 우리를 쳐다보다가 이쁘다고 가까이 오는 사람이나 집에 가져가 키우는 사람을 보지 못했습니다. 사람들에게는 우린 흔한 잡초와 같은 존재인 것 같아요.

호박 암꽃

호박 수꽃

우리는 한 그루에 수꽃과 암꽃이 따로 핍니다. 암꽃 아래에 털이 보송한 작은 열매가 달립니다. 꽃부리와 줄기가 바로 이어진 것은 수꽃입니다. 암꽃 아래에 볼록한 씨방이 달리고, 이것이 자라 열매를 맺습니다. 씨방이 달리지 않고 꽃부리와 줄기와 이어지는 것이 수꽃입니다.

우리를 알아달라고, 이해해 달라고 목소리를 높이는 것이 아닙니다. 우리는 사람들이 그렇게 부르고 대하듯 그저 호박이고, 호박꽃일 뿐입니다. 이 자리를 빌려 말씀드리고 싶은 것은 두 가지입니다. 잘 알지도 못하면서 함부로 평가하지 말라는 것입니다. 또 하나는 소중하지 않은 생명이란 없다는 것입니다. 모든 생명체는 너 나 할 것 없이 저마다 세상에 쓰임이 있고 소중합니다. 그러니 남에게 함부로 돌을 던지지 마세요. 돌을 던진 뒤 당신이 무심하게 뒤돌아설 때 상처를 입은 사람은 고통스러워합니다. 타인을 존중할 줄 아는 사람이 다른 사람으로부터 존중을 받습니다. 이럴 때 서로 행복하고, 세상은 더없이 향기로운 꽃밭이 됩니다.

어떻게 하면 좋을까요?

도시에 사는 사람은 잘 알 것입니다. 주변에 아파트가 넘쳐나고 있는 것을. 새로 짓는 아파트가 한두 개가 아닙니다. 인구 50만이 될까 말까 하는 중소도시에도 곳곳에 아파트가 비 온 뒤의 죽순처럼 솟아나고 있습니다. 산 하나를 뭉개버리는 일은 일도 아닙니다. 산에는 길짐승과 새와 곤충의 집이 있습니다. 이들 동물은 인간의 욕심으로 집을 빼앗기고 어쩔 도리 없이 다른 곳으로 쫓기듯 떠납니다. 날 수 있거나 달릴 수 있는 동물은 그나마 다행이지만, 한곳에 자리 잡고 살던 나무와 풀꽃은 불도저와 트럭이 들어서면서 삶의 터전을 잃고 죽음을 맞이합니다.

어떤 사람에게 작은 산은 언제든지 사고 버릴 수 있는 물건입니다. 나무와 풀과 숲을 없애버리고 아파트를 짓는 것에 승인해 주는 사람이 있습니다. 돈이 되는 일이라면 야산 하나는 내일이라도 당장 뭉개버릴 수 있습니다.

사람들은 여름에 덥다고 난리입니다. 30도가 넘는 여름이 6월부터 일찍 찾아오고, 연일 숨 막히는 폭염이 사람들을 힘들게 합니다. 솔직히 이것은 우리 인간이 행한 것에 대한 대가입니다. 무더운 날 숲이 우거진 산으로 가보면 알 것입니다. 산에서는 산 밖의 기온보다 2~3도가량 온도가 떨어집니다. 숲 안으로 깊이 들어가 보면 확실히 시원함을 느낄 수 있습니다. 현재 우리가 맞이하는 지구온난화는 인간의 욕심이 일으킨 것입니다. 지구를 더 뜨거워지지 않게 하려면 동물과 식물의 서식지인 산을 보존해야 합니다. 자연을 보존하고 자연과 함께 더불어 살아가는 지혜가 필요합니다.

인간의 욕심이 어느 정도인지 알 수 있는 사례가 있습니다. 산에 자생하는 야생화를 특히 좋아하는 사람 중에는 야생화가 피는 시기에 맞춰 카메라를 들고 산으로 달려가는 이가 있습니다. 산에서 자라는 야생화는 화원이나 길가에 피는 꽃과는 비할 바가 아닙니다. 야생화의 아름다움에 매료된 사람은 그 꽃을 직접 눈으로 보고 싶어하고, 그 아름다움을 사진으로 담으려 합니다.

야생화에 몰두하는 애호가들은 어느 시기에 어느 산 어느 곳을 가면 어떤 야생화를 볼 수 있는지를 기가 막히게 잘 압니다. 이들이 몰려들어 야생화가 인간의 손을 타고, 서식지가 심각하게 훼손됩니다. 특정 시기에, 특정 지역에 피는 야생화가 욕심 많은 인간의 희생양이 되기도 합니다.

사진 멸종위기종복원센터 이창우 제공

누군가 야생화의 한 부분을 잘라내고 그 부위를 묶어 놓았습니다. 꽃은 '가는동자꽃'이라는 멸종 위기종입니다. 붉은 꽃 한 부분만을 클로즈업하려 주변의 긴 잎도 잘라냈습니다. 여러 장의 사진을 찍은 뒤 만족한 웃음을 지으며 돌아서는 사람의 등 뒤로 한 생명은 팔다리를 잃고 신음합니다. 아름다움에 대한 희열을 독차지하려는 어떤 이는 야생화 사진을 찍고는 그 꽃을 아예 뽑아버리기도 합니다. 그 야생화는 오로지 나의 것이어야 하기 때문입니다.

출처 https://commons.wikimedia.org

멸종 위기에 있는 '기생꽃'입니다. 본래 북부 지방에서 자생하는 북방계 식물인데, 남쪽으로 내려와 설악산, 태백산, 대암산, 가야산 등의 높은 산의 꼭대기에서 서식하고 있습니다. 꽃은 6~7월에 핍니다. 꽃받침조각과 암술은 각각 7개이며, 암술은 1개입니다. 개체 수가 적을 뿐만 아니라 지구온난화에 크게 영향을 받기 때문에 곧 쇠퇴할 식물입니다. 기생꽃은 기온이 높아지면 버티지 못합니다. 더욱이 이 아름다운 꽃을 보겠다고 산꼭대기까지 달려드는 이와 꽃을 꺾어가는 몰지각한 등산객들로 훼손의 위험성이 큽니다.

어떻게 하면 좋을까요? 멸종위기종을 복원하는 연구진의 노력도 있어야겠지만, 더 이상 훼손되지 않도록 법률적 · 제도적 장치가 있어야 할 것입니다. 멸종위기종에 대해서는 시급히 천연기념물로 지정하고, 이를 채취하거나 훼손하는 사람에게는 벌금을 과중하게 부과하는 등의 강력한 조치가 있어야 하지 않을까요? 하지만 이것이 능사는 아닐 것입니다. 우리 모두가 자발적으로 지키고자 하는 마음이 있어야 할 것입니다. 한 사례로 한국내셔널트러스트의 시민운동이 좋은 본보기가 될 것입니다.

출처 국립생태원 멸종위기야생생물포털

'매화마름'이라는 수생 식물입니다. 이들은 논이나 물가의 밭두렁에서 군락을 이루는데, 농민들이 벼나 콩 같은 농작물을 괴롭히는 잡초라 여겨 제초제로 무분별하게 제거하면서 군락지가 많이 훼손되었습니다. 이에 1998년 환경부에서는 매화마름을 멸종위기 야생식물로 지정하였습니다. 당시 강화도 초지리 일대에 매화마름이 군락지를 이루고 있었는데, 경지 정리가 예정되어 자생지가 사라질 처지에 있었습니다. 매화마름을 지키고자 2002년 '한국내셔널트러스트'라는 단체에서 시민 모금을 벌여 매입 활동에 착수하였고, 개인 소유주의 기증으로 매화마름 군락지를 보전할 수 있었습니다.[4)]

4) 내셔널트러스트(National Trust)는 19세기 후반 산업혁명으로 급격하게 경제성장을 이룬 영국에서 처음 시작된 것으로, 보존 가치가 높은 자연자원과 문화유산을 시민이 보전, 관리하는 시민운동이다. 우리나라에서는 2000년 한국내셔널트러스트가 창립되었다. 시민 유산 1호로 강화도 매화마름 군락지를 시민의 모금으로 사들여 보전하고 있다.

유트브(www.yotube.com) 에서 '강화도 매화마름'으로 검색하면 아래의 두 개의 영상이 나옵니다. 5분 내 영상이니 관심 있는 분은 꼭 보면 좋겠습니다.

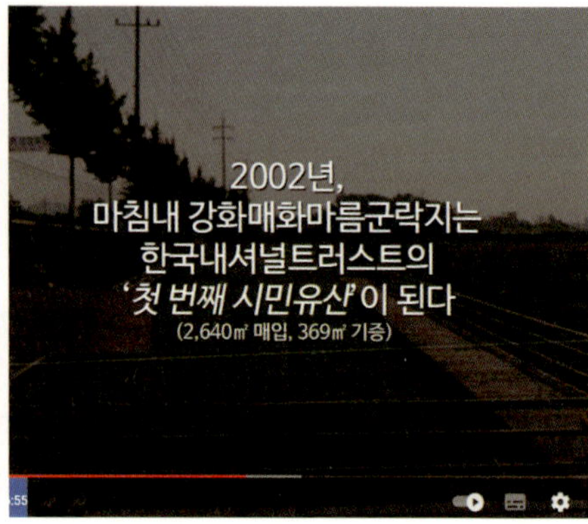

강화도 매화마름 관련 영상 캡처 장면(출처 유튜브)

내 친구를 지켜주세요

최근 꿀벌이 사라지고 있다는 뉴스가 심심찮게 보도되고 있습니다. 2022년 1월 제주도에서 시작된 꿀벌 실종은 3월까지 전라남도, 경상남도, 충청북도에까지 북상하여 발생하였고, 4월에 들어서는 경기도에서도 관찰되는 전국적인 사건이 되었습니다. 이 현상은 21세기 들어 점차 늘어나고 있는 군집 붕괴 현상의 하나로 세계 곳곳에서 관찰되고 있습니다.

꿀벌은 기온이 떨어지면 활동을 줄이고 동면에 들어갑니다. 국내 꿀벌의 동면 시기는 11월~3월 사이입니다. 그런데 겨울철 기온이 높아지면서 동면해야 할 시기에 잠자지 못하고 꿀 채집에 나섰다가 꿀벌은 심한 일교차를 견디지 못하고 얼어 죽어버린 것입니다. 이것은 우리나라만의 문제가 아닙니다. 세계 곳곳에서 일벌들이 나갔다가 돌아오지 못하는 일이 벌어지면서 애벌레와 여왕벌이 폐사하는 이른바 '꿀벌 군집 붕괴 현상'이 나타나고 있습니다. 우리나라에서도 남부 지역을 중심으로 양봉 농가의 많은 벌이 사라지거나 집단적으로 죽은 채 발견되는 현상이 잇따르고 있습니다. 이렇게 수백만 마리의 꿀벌이 한꺼번에 사라지는 것에 대해 연구자들은 지구온난화에 따른 기후 변화가 주된 요인이라고 지적합니다.

지구온난화로 꽃이 피고 지는 기간이 짧아진 것도 꿀벌의 생존에 영향을 주었다고 봅니다. 꿀벌의 주 먹잇감이 되는 꽃식물이 빨리 꽃이 져버려 꿀벌이 꿀을 모을 수 있는 기간이 그만큼 짧아졌습니다. 꿀벌들의 먹이가 줄어들어 영양이 결핍되고 여기에 농약 오염이 늘어나다 보니 개체 수가 급격히 줄었다는 것입니다.

유엔식량농업기구(FAO)에 따르면, 세계의 식량 90%를 차지하는 100대 농작물들의 약 63%가 꿀벌을 매개로 열매를 맺습니다. 꿀벌이 꽃가루를 묻혀 농작물의 번식이 가능한 것입니다. 꿀벌이 꽃가루를 운반하는 덕분에 식물이 번식하고 우리 인류가 농작물을 수확할 수 있습니다. 이 때문에 꿀벌의 개체 수가 감소하거나 사라지면 전 세계는 식량 위기에 빠질 수밖에 없습니다. 만약 꿀벌과 같은 꽃가루 매개 곤충들이 지상에서 사라지면 필연적으로 곡식, 과일, 채소의 생산량이 줄어들고, 이에 따라 한 해에 140만 명 이상 사람들이 사망할 수 있다는 연구 결과가 있습니다.

학자들은 농작물 재배에 사용되고 있는 살충제가 꿀벌 개체 수를 감소시키는 한 원인이 되고 있다고 봅니다. 살충제의 주요 성분인 '네오니코티노이드'가 곤충의 중추신경계에 영향을 미쳐 마비와 죽음을 초래했다는 것입니다.

결론적으로 말해, 지구온난화에 의한 기후의 변화, 다량의 살충제 살포 외에 인간의 부주의에 의한 잦은 산불과 자연재해 등으로 인한 서식지 파괴가 꿀벌의 실종과 멸종 위기를 가져오고 있습니다.

꿀벌의 집단 폐사는 인간의 삶에 미치는 영향이 지대합니다. 먹이 사슬 관계에서 보면, 벌의 개체 수 감소는 특정 식물 종에 의존하는 초식동물의 감소로 이어지고, 초식동물의 감소로 인해 육식동물이 식량 부족을 겪게 되고, 이러한 여파는 결국 최종 소비자가 되는 인간에게 되돌아갑니다. '꿀벌이 지구상에서 사라지면, 인류도 4년 내 멸망한다'라는 항간의 경고를 곱씹어 봐야 할 때입니다. [5)]

5) 이 글(내 친구를 지켜주세요)은 다음 자료를 참고함.
- 멸종 위기 처한 꿀벌…인류 생존도 위태롭다, YTN 사이언스, 2022년 1월 25일
- 세계 종말이 다가왔다고? 꿀벌 실종 미스터리, 뉴스펭귄, 2022년 3월 13일
- 그 많던 꿀벌은 어디로 갔을까…2022년 꿀벌 실종 사건의 전말, 경향신문, 2022년 3월 31일
- 전 세계 꿀벌 실종 사건 '생태계 붕괴' 방아쇠 당기나, 동아사이언스, 2022년 3월 18일
- 78억 꿀벌 실종 미스테리…"인간 때문이다 전문가 경고", 중앙일보, 2022년 4월 24일

너무 슬퍼하거나 노여워하지 말라

꽃을 제목으로 하는 시 중에서 많이 알려진 작품이 있습니다. 김소월 시인이 쓴 '진달래꽃'이라는 시입니다. 이 작품은 1925년에 출간된『진달래꽃』이라는 시집에 수록되어 있고, 오늘날 노래로도 불리는 만큼 많은 사람이 애송하는 시입니다. 이 시에는 사랑하는 사람을 떠나보내는 이의 애절한 마음이 잘 나타나 있습니다.

나 보기가 역겨워
가실 때에는
말없이 고이 보내 드리오리다

영변에 약산
진달래꽃
아름 따다 가실 길에 뿌리오리다

가시는 걸음걸음
놓인 그 꽃을
사뿐히 즈려 밟고 가시옵소서

나보기가 역겨워
가실 때에는
죽어도 아니 눈물 흘리오리다

– 김소월, 「진달래꽃」

33세의 젊은 나이로 요절하기까지 김소월 시인은 많은 뛰어난 작품을 남겼는데, 그중 하나가 「산유화」입니다. 한자로 보면, 산유화(山有花)는 '산에 피어 있는 꽃', '산에 꽃이 피어 있다'는 뜻입니다. 시인은 산에서 저만치 홀로 피어 있는 꽃과 외로운 꽃과 산에서 사는 새를 통해 자연에서 느끼는 근원적인 고독을 담아내고 있습니다.

산에는 꽃 피네
꽃이 피네
갈 봄 여름 없이
꽃이 피네

산에
산에
피는 꽃은
저만치 혼자서 피어 있네

산에서 우는 작은 새여
꽃이 좋아
산에서
사노라네

산에는 꽃 지네
꽃이 지네
갈 봄 여름 없이
꽃이 지네

– 김소월, 「산유화」

인간은 물론 생명을 지닌 존재는 모두 고독합니다. 고독하기에 우리는 또 다른 사람을 만나 정을 나누며 오늘과 내일을, 그리고 지난 일을 이야기합니다. 어떤 이에게는 고독이 고통이 되고, 절망이 되기도 합니다. 이들의 가슴은 겨울날처럼 얼어 있습니다.

겨울에는 극히 일부를 제외하고는 꽃이 피지 않습니다. 그렇다 해서 꽃이 완전히 사라진 것은 아닙니다. 겨울 동안 움츠려 있다가 봄에 기지개를 켜듯 다시 고개를 듭니다.

우리에게 황량한 겨울만 있지 않습니다. 눈물이 날 만큼 슬프고 힘들어도 포기하거나 자신을 버리지는 말아야 할 것입니다. 지금 꽃은 지지만, 봄이면 분명히 다시 피어납니다. 마음이 아파도 너무 슬프거나 노여워하지 말 일입니다.

그대, 크게 성장하려면

풀꽃은 대체로 키가 작습니다. 커도 100cm 이내입니다. 이제 아장아장 걷는 꼬맹이 수준이지요. 작고 귀여워서 사람들이 더 좋아하는 줄도 모르겠습니다. 5월 아침에 어린 친구들을 만났습니다. 제 발목 높이에도 오지 않더군요. 민들레와 같이 노란 꽃이 피었지만, 민들레는 아니고 '씀바귀'라는 풀꽃입니다. 이 친구들에게 마음이 끌리면서 다가섰습니다. 5월과 6월 내내 볼 수 있었습니다.

어떤 꽃은 그때가 아니면 보지 못하는 꽃이 있습니다. 우리가 보고 싶을 때 언제나 볼 수 있는 것이 아닙니다. 얼굴을 내미는 때가 있습니다. 다량으로 재배되는 꽃이 아닌, 이 땅에서 자생하는 아름다운 꽃들은 대개 그렇습니다.

초롱꽃입니다. 꽃봉오리가 종 모양을 하고 있지요. 바로 위의 첫 번째 것은 영양의 풀밭에서 본 것입니다. 두 번째와 세 번째 것은 6월에 경주 양동 마을에 갔다가 본 것입니다. 흰색인 꽃도 있고, 연한 자주색으로 피는 꽃도 있습니다. 꽃 색이 학교 미술 시간에 접해본 파스텔 톤 같습니다. 마치 한지에 불빛이 살짝 내비치는 듯해서 그럴까요. 초롱꽃은 한국적인 빛깔을 지닌 꽃으로도 알려져 있습니다. 개인적으로도 이 초롱꽃의 색을 좋아하는데, 한 가지 불만이 있습니다. 꽃들이 하나 같이 고개를 숙이고 있습니다. 꽃말처럼 겸손한 태도로 감사하는 마음을 지닌 것처럼 보였습니다.

산과 들에서 80cm 정도로 자라는 이 꽃은 '하늘나리'입니다. 백합과 식물인 나리의 일종으로 줄기 끝에 달리는 꽃이 하늘을 향해 피어 '하늘나리'라고 부릅니다. 꽃이 하늘을 마주하며 피는 모습이 젊은이의 이상과 희망을 보여주는 것 같습니다. 크게 성장하려면 높은 뜻이 있어야겠지요. 겸손한 자세로 자신의 일에 충실하면서도 어떤 상황에서도 희망을 잃지 않는 강인한 용기가 있어야 어떤 난관도 잘 헤쳐 나갈 것입니다.

풀꽃은 나무와 달리 그리 크지 않습니다. 햇볕이 쨍쨍하던 6월 초에 영양의 한 숲을 찾았습니다. 5월 초에 이곳에서 앙증맞게 생긴 선괭이눈과 연복초, 그리고 이름이 특이한 홀아비꽃대를 보았는데, 한 달 사이에 이 숲에 어떤 변화가 있었는지 알고 싶어 수풀을 헤치고 없는 길을 만들어 들어갔습니다. 근 한 달 사이에 잡초가 너무 우거져 몸을 놀리기가 쉽지 않았습니다. 아쉬움과 놀라움으로 뒤돌아서려는 차에 이 친구를 만났습니다.

'전호'라는 미나리과 풀입니다. 제가 이제껏 본 것은 1m 안팎이었는데, 키가 상당히 컸습니다. 높이가 제 가슴팍쯤 되지 싶었습니다. 줄기 끝에서 뻗어 피어 있는 흰 꽃이 상당히 매력적이었습니다. 나무도 아닌 풀 하나가 어떻게 이렇게 키가 클 수 있나 싶어 곧게 뻗은 줄기를 훑어보았습니다. 밑동이 그렇게 묵직한 편은 아니었지만, 중심 줄기가 아래로 갈수록 굵고 위로 갈수록 가늘었습니다. 가늘면서도 키가 큰 이 친구는 왠지 약해 보였습니다.

진짜 대찬 친구를 우연히 보았습니다. 버릇처럼 이 꽃 저 꽃을 살피며 거닐다가 사람의 발길이 없는 무덤가에 닿았습니다. 고인이 누구인지는 모르지만, 잠시 고개를 숙이고 예를 갖추었습니다. 주변을 살폈는데 무덤 한 모퉁이에 이 친구가 덩그러니 서 있었습니다. 키가 무척 컸고 줄기는 원기둥 모양으로 튼실했습니다. 그런데 줄기 끝으로 난 꽃이 요상했습니다. 꽃 이름을 잘 몰라 폰으로 검색해보니 '미국자리공'이었습니다.

미국자리공은 독성이 강한 풀이었습니다.[6] 뿌리에 독이 있어 잘못 복용하면

6) 중국 원산의 '자리공'도 있는데, 미국자리공과 달리 꽃이나 열매가 곧게 선다. 미국자리공은 줄기가 붉은 자주색을 띠고, 꽃차례가 옆이나 아래로 휘는 점이 자리공과는 다르다. 박수현, 『세밀화와 사진으로 보는 한국의 귀화식물』, 일조각, 2009, 18~19쪽.

설사, 복통은 물론 심한 경우에는 중추신경 마비와 호흡 장애를 일으킬 수 있다고 합니다. 외관상 이렇게 듬직해 보이는 이 친구의 심지가 이럴 것이라고는 짐작도 못했습니다. 이 친구는 제가 찾는 친구가 아닙니다. 건실해 보여도 남에게 해를 끼칠 수 있는 위험한 존재는 큰 사람이 될 수 없습니다.

심지가 굳고 다른 이들에게 해가 되지 않는 친구를 찾던 중 만났습니다. 접시꽃이었습니다. 중국에서 건너온 친구인데, 키가 2m 이상으로 컸습니다. 줄기는 곧바로 섰고, 줄기 중간중간에 꽃들이 돌려 피었습니다. 그가 있는 곳은 울타리나 담벼락과 같이 외진 곳이었지만, 흰색, 분홍색, 붉은색, 자주색 등의 다양한 색으로 자신의 자리를 환하게 밝혔습니다. 꽃이 마치 홀로 외롭게 걷는 이를 밝혀 주는 가로등 같았습니다.

신라 대문장가였던 최치원 선생은 세상이 자신을 알아주지 못한 현실을 마음 아파하며 자신의 처지를 접시꽃에 빗대어 '촉규화'라는 제목의 한시를 남겼습니다. 촉규화는 접시꽃의 한자 명칭입니다.

접시꽃은 여러해살이풀로 봄이나 여름에 씨를 뿌리면 그해에는 잎만 무성하게 자라고, 이 잎이 땅에 바짝 붙어 겨울을 보낸 뒤 이듬해에 줄기를 키우며 꽃을 피웁니다. 이렇게 한번 뿌리내리면 여러 해 동안 꽃을 피워 많은 사람에게 즐거움과 아름다움을 선사합니다. 접시처럼 커다란 꽃이 한 다발로 피어서 벌과 곤충이 접시꽃의 꽃가루에 모여들기도 합니다. 접시꽃은 꽃을 비롯해 줄기, 잎, 뿌리를 모두 약재로 씁니다.

접시꽃에 관한 전설이 있습니다. 옛날 꽃의 왕인 화왕이 궁궐에서 세상에 가장 큰 화원을 만들었고, 세상의 모든 꽃을 기르고 싶어 천하의 꽃들에게 내일까지 다 모이라고 어명을 내렸습니다. 서역국의 꽃을 관리하던 꽃 판관이 자리를 비운 사이에, 그곳에 있던 꽃들이 너 나 할 것 없이 화왕의 궁궐로 달려갔습니다. 꽃 판관이 볼일을 끝내고 돌아왔을 때 자신이 돌보던 꽃들이 하나같이 떠나버린 것을 알고 큰 상실감과 배신감을 느끼고 있었는데, 그중 접시꽃만이 떠나지 않고 꽃 판관의 옆을 지켰습니다.

큰 사람은 신념이 올곧고, 높은 이상과 꿈을 갖고 타인에게 빛이 되는 사람입니다. 하늘을 향해 우뚝 솟은 접시꽃이 7월의 소낙비와 한낮의 뜨거운 햇볕을 견디어 내듯 힘겨운 고난과 역경도 묵묵히 이겨냅니다. 누구나 접시꽃처럼 큰 사람이 될 수 있습니다. 바로 그대가 그렇습니다.

영양군 입암면에 위치한 선바위

에필로그

출판사에 원고를 넘기기 바로 전날 본 풀꽃들이 있어 소개합니다. 2022년 7월 17일 일요일, 영양으로 들어오는 길에 찍은 것입니다.

나래가막사리

영양 반변천을 지나오면서 보았습니다. 북아메리카 원산의 귀화식물인데, 외진 산골까지 들어왔습니다. 길가나 풀밭에서 2.5m 내외로 자랍니다. 줄기에서 어긋나게 난 잎이 좁은 날개를 닮아 나래가막사리라고 합니다. 꽃 이름에서

'나래'는 날개의 방언입니다. 7~9월에 가지 끝마다 머리 모양의 노란색 꽃송이가 한 개씩 달립니다. 꽃 모양이 봄에 피는 '솜방망이'와 비슷합니다. 번식력이 워낙 강해 한번 뿌리를 내리면 빠른 속도로 퍼져 다른 식물의 성장을 방해합니다. 우리 생태계에 이롭지 않은 유해 식물이므로 함부로 옮겨 심으면 안 됩니다.[1] 뿌리가 깊고 옆으로 퍼지게 내려 뽑을 때 흙이 모두 딸려 나와 완전히 제거하는 데 어려움이 있습니다.

범부채

영양 하담 고택[2]에서 본 것입니다. 잎 모양이 부챗살처럼 배열되어 있고, 꽃잎에 찍힌 얼룩 반점이 표범과 같다고 하여 범부채라 합니다. 산이나 들에서

1) 나래가막사리의 서식에 대해 집중적으로 조사한 바 있는 이창우 연구원(멸종위기종복원센터)의 말을 빌리면, 이 식물이 무성하게 자라는 곳 주변에는 양봉장이 있을 수 있다고 합니다. 나래가막사리는 꿀벌이 많이 모여드는 밀원식물이어서 꿀벌을 불러모으려는 의도로 심었을 가능성이 있다는 것입니다.

2) 영양군 영양읍 삼지리에 위치한 하담 고택은 1710년경 조시벽이 지은 것으로 전해집니다. 조시벽은 임진왜란과 병자호란에서 공을 세운 조임의 손자입니다. 하담 고택은 조임의 후손인 조선 후기의 학자 하담 조언관의 호를 딴 것입니다.

50~100cm로 자라고, 관상용으로 심기도 합니다. 꽃은 7~8월 여름에 핍니다. 잎과 뿌리줄기는 해열, 해독, 소염 작용이 있어 약재로 사용합니다.

이 꽃과 관련한 슬픈 이야기 있습니다. 행상꾼인 아버지가 어린 아들을 데리고 장에 갔다가 집으로 돌아가는 중에 부채고개에서 이르러 잠시 쉬어 간다고 앉았는데, 피곤함에 그만 잠이 들었습니다. 혼자 된 어린 아들은 안타깝게도 호랑이에게 물려가 맹수의 밥이 되었습니다. 다음 해 여름부터 부채고개에는 호피 무늬의 꽃이 피었고, 마을 사람들은 이 꽃을 범부채꽃이라 불렀습니다. 범부채의 꽃말은 '정성 어린 사랑', '잃어버린 사랑'입니다.

미국부용

하담 고택 담벼락에 서 있었습니다. 처음에는 부용꽃인 줄 알았습니다. 정확히 말하면 이 꽃은 '미국부용'입니다. 부용은 모란처럼 겨울에도 줄기가 살아서 겨울을 나는 나무이지만, 미국부용은 작약처럼 겨울에 뿌리만 살아 매년 봄에 새순이 돋는 여러해살이풀입니다. 이 둘은 잎과 꽃으로도 구분이 됩니다. 부용 잎은 보통 3~7갈래로 갈라지만, 미국부용은 잎이 갈라지지 않고 타원형의 모습을 하고 있습니다. 8~10월경에 연분홍 꽃이 피는 부용은 꽃의 지름이 10cm 정도입니다. 미국부용은 7~8월 여름에 꽃이 핍니다. 꽃 색이 분홍색, 붉은색, 흰색 등으로 다양하고, 꽃의 지름이 15~20cm 정도로 미국부용이 부용보다 큽니다.

미국부용 꽃

부용은 원산이 중국이고, 우리나라에서는 삼국 시대부터 가까이했습니다. 조선 시대 때 여류시인으로서 중국 명나라까지 이름을 떨쳤던 허난설헌이 있습니다. 그녀는 자신의 죽음을 예감하고 '부용꽃 스물일곱 송이가 붉게 떨어지니 달빛 서리 위에 차갑기만 하여라'라는 시구를 남기기도 했습니다.

지금은 제주도가 아닌 지역에서는 야생으로 자라는 부용을 보기가 어렵습니다. 우리가 공원이나 정원에서 접하는 것은 부용이 아니라 북미 원산의 원예종인 미국부용입니다. 부용은 꽃이 이쁘고 화려해 꽃말에 '섬세한 아름다움', '매혹', '정숙한 여인' 등이 있습니다.

부용(출처 commons.wikimedia.org)

풀꽃은 참으로 많고 다양합니다. 풀꽃을 알아가면서 배운 것이 있습니다. 내가 아는 것이 전부가 아니어서 세상을 넓게 깊게 보아야 한다는 것입니다. 또한 겸허하게 살아야 한다는 것입니다. 풀꽃을 자세히 보려면 몸을 최대한 낮추어야 합니다. 한 생명체를 이해하는 데는 마음을 다하는 정성이 필요합니다.

"풀꽃은 우리와 함께 살아가는 고귀한 생명체이고,
인간의 세상에 아름다움을 더하는 자연의 세계다."

영양 서석지[3)]

3) 국가민속문화재 제108호인 서석지는 영양에 있는 연못이다. 조선 광해군 5년(1613)에 성리학자이자 시인이던 정영방이 조성한 것인데, 담양의 소쇄원, 보길도의 부용원과 함께 대한민국을 대표하는 3대 정원으로 꼽힌다.

참고문헌

곽준수,『야생화 약초도감』, 푸른행복, 2011.

권혁재 · 조영학,『살아있는 동안 꼭 봐야 할 우리꽃 100』, 동아시아, 2021.

김민수,『내게로 다가온 풀꽃』, 한얼미디어, 2004.

김병기,『산꽃도감』, 자연과생태, 2013.

김완규,『아하 포켓 야생화 도감』, 지식서관, 2005.

김종원,『한국식물생태보감1 주변에서 늘 만나는 식물』, 자연과생태, 2013.

김종원,『한국식물생태보감2 풀밭에 사는 식물』, 자연과생태, 2016.

김진석 외,『한국의 들꽃』, 돌베개, 2018.

김태원,『꽃 따라 벗따라 들꽃 산책』, 자연과생태, 2013.

김태정,『쉽게 찾는 우리꽃 봄』, 현암사, 2005.

김태정,『쉽게 찾는 우리꽃 여름』, 현암사, 2005.

김태정,『쉽게 찾는 우리꽃 가을, 겨울』, 현암사, 2005.

박수현,『한국의 외래 귀화식물』, 대원사, 1996.

오병훈,『사람보다 아름다운 꽃 이야기』, 도솔출판사, 2005.

오찬진 외,『남부지방 야생 · 희귀 멸종위기 식물』, 푸른행복, 2015.

윤경은, 한국식물화가협회,『세밀화로 보는 한국의 야생화』, 김영사, 2012.

윤의수 · 유영한,『멸종위기 식물에 생명의 빛을』, 도서출판진솔, 2014.

이동혁,『화살표 풀꽃도감』, 자연과생태, 2019.

이영득,『풀꽃 이야기도감』, 황소걸음, 2021.

이영득 · 정현도,『주머니 속 풀꽃도감』, 황소걸음, 2020.

이윤옥,『창씨개명된 우리 풀꽃』, 인물과사상사, 2015.

정연옥,『365 야생도감』, 가교출판, 2020.

한상경,『아침고요 산책길』, 샘터, 2003.

허복구 · 박석근,『재미있는 우리꽃 이름의 유래를 찾아서』, 중앙생활사, 2002.

황대권,『야생초 편지』, 도솔, 2012.

시집 출처

김종길, 〈꽃밭〉, 《천지현황》, 미래사, 1991.
김종해, 〈그대 앞에 봄이 있다〉, 《그대 앞에 봄이 있다》, 문학세계사, 2017.
김춘수, 〈꽃〉, 《처용》, 민음사, 1974.
도종환, 〈한 송이 꽃〉, 《세 시에서 다섯 시까지》, 창비, 2011.
마종기, 〈딸을 위한 시〉, 《활주로가 있는 밤》, 문학동네, 1999.
복효근, 〈당신이 슬플 때 나는 사랑한다〉, 《당신이 슬플 때 나는 사랑한다》, 시와시학사, 1993.
송찬호, 〈채송화〉, 《고양이가 돌아오는 저녁》, 문학과지성사, 2009.
안도현, 〈무식한 놈〉, 《그리운 여우》, 창비, 1997.
안도현, 〈애기똥풀〉, 《그리운 여우》, 창비, 1997.
오규원, 〈풀과 돌멩이〉, 《두두》, 문학과지성사, 2008.
이기철, 〈길〉, 《별까지는 가야 한다》, 지식을만드는지식, 2012.
정일근, 〈애기똥풀이 하는 말〉, 《누구도 마침표를 찍지 못한다》, 시와시학사, 2001.
황인숙, 〈말의 힘〉, 《나의 침울한, 소중한 이여》, 문학과지성사, 1998.
함민복, 〈나를 위로하며〉, 《말랑말랑한 힘》, 문학세계사, 2005.
라이너 쿤체, 〈녹슨 빛깔 이파리의 알펜로제〉, 류시화 엮음, 《마음 챙김의 시》, 수오서재, 2020.

참고 사이트

경북산림환경연구원 www.gb.go.kr
국립생물자원관 한반도의 생물다양성 species.nibr.go.kr
국립한국자생식물원 www.koagi.or.kr
두산 백과 www.doopedia.co.kr
멸종위기 야생생물포털 www.nie.re.kr
산림청 국립수목원 kna.forest.go.kr
한국민족문화대백과사전 encykorea.aks.ac.kr

저자 소개

글 · 사진 김현수

고려대학교 교육학 박사. 현 경상북도교육청 소속 장학사. 『즐거운 시 읽기-아름다운 우리 시와 다시 만나다』, 『시를 읽고 가르치다』, 『그대에게 전하는 시의 위로』 외 여러 저서 있음

감수 이창우

국립 생태원 멸종위기종복원센터 연구원

그대에게 전하는 꽃의 위로

2022년 8월 20일 제1판 1쇄 인쇄
2022년 8월 25일 제1판 1쇄 발행

저 자 • 김현수
감 수 • 이창우
발행인 • 한정주
발행처 • 교육과학사

경기도 파주시 광인사길 71
전화 • 031)955-6956~8 / 팩스 031)955-6037
Home-page • http://www.kyoyookbook.co.kr
E-mail • kyoyookbook@daum.net, kyoyook@chol.com
등록 • 1970년 5월 18일 제2-73호

정가 20,000원
ISBN 978-89-254-1713-4

낙장 · 파본은 교환해 드립니다.
Printed in Korea.